REINER KLIMKE
INGRID KLIMKE

Grundausbildung des jungen Reitpferdes

MIT KOSMOS MEHR ENTDECKEN
DRESSUR
SPRINGEN
GELÄNDE
SEIT 1822

KOSMOS

Inhalt

SAP

129 CAVALETTI-ARBEIT — MIT UND OHNE REITER

152 DIE SPRINGAUSBILDUNG — OHNE UND MIT REITER

174 REITEN IM GELÄNDE MIT DEM JUNGEN PFERD

210 DER WEG ZUM TURNIERSTART

225 SERVICE

Dr. Reiner Klimke auf Ahlerich

Mit dieser Widmung schenkte mein Vater mir mein erstes Exemplar der „Grundausbildung des jungen Reitpferdes".

Liebe Ingrid,
das Wesen des Pferdes wollen wir
erfassen, seine Persönlichkeit
achten und bei der Ausbildung
nicht unterdrücken. Dann sind
wir auf dem richtigen Weg.
Dein
Papa
Münster, im Dezember 1986

Das Wesen des Pferdes wollen wir erfassen, seine Persönlichkeit achten und bei der Ausbildung nicht unterdrücken. Dann sind wir auf dem richtigen Weg.

IN MEMORIAM DR. REINER KLIMKE

Als einer der erfolgreichsten Reiter verband Dr. Reiner Klimke in ganz seltener Weise theoretisches Wissen und reiterliches Können. Ferner hat er jahrzehntelang – zunächst an der Westfälischen Reit- und Fahrschule und im Reiterverein Westbevern, dann schon bald in selbstständiger Arbeit – zahlreiche junge Pferde allein ausgebildet. Kaum ein anderer Reiter hat mit selbst ausgebildeten Pferden so viele Erfolge bei Deutschen Meisterschaften, Europa- und Weltmeisterschaften und bei Olympischen Spielen errungen, und dies sogar in zwei Disziplinen: in der Vielseitigkeit und der Dressur. So gründen sich die Leitgedanken und Ratschläge seiner Bücher auf reiche und wertvolle eigene Erfahrungen. Wenn man dann den offenkundigen Erfolg als Nachweis der Richtigkeit von Lehrmeinungen anführen darf, war kein anderer so wie er dazu berufen, über die Ausbildung junger Pferde zu schreiben.

Die „Grundausbildung des jungen Reitpferdes" darf mit Fug und Recht als Standardwerk bezeichnet werden. Die Erläuterungen sind klar und verständlich formuliert, sodass sie für junge Reiter, erfahrene Ausbilder und Züchter, die ihre jungen Pferde selbst anreiten, in gleicher Weise hilfreich sind. Alle Hinweise gehen von Grundsätzen aus, die sich nach zeitlichem Ablauf und reiterlichen Methoden als richtig und Erfolg versprechend bewährt haben. Ausdrücklich begriff Dr. Klimke die Grundausbildung junger Pferde nicht allein aus der Sicht des Dressurreiters. Er machte vielmehr deutlich, dass die richtig verstandene Grundausbildung der Erziehung des Pferdes dient, der Entwicklung seiner natürlichen Anlagen, unabhängig davon, ob das Pferd später als Gelände-, Spring- oder Dressurpferd eingesetzt wird.

Die erste Auflage dieses Standardwerks erschien 1980. Nach vielen weiteren Auflagen hatte Dr. Klimke zusammen mit seiner Tochter Ingrid, die – selbst hoch erfolgreich im Dressur-, Spring- und Vielseitigkeitssattel – die Kapitel über das Spring- und Geländetraining überarbeiten sollte, eine Aktualisierung des Buches geplant. Nach seinem überraschenden allzu frühen Tod hat nun Ingrid diese Aufgabe allein übernommen und ganz im Sinne ihres Vaters durchgeführt. Insgesamt folgt das Buch den überlieferten Lehren der klassischen Reitkunst. Es enthält zusätzlich viel Erlebtes und Wissenswertes, und zwar nun vom Vater wie auch von der Tochter, dass sehr viel zu lesen ist, was bisher noch nicht beschrieben wurde – eine ausgezeichnete Anleitung, die im Zusammenhang von theoretischen Kenntnissen, praktischen Erfahrungen und nachgewiesenen Erfolgen zuverlässig über die Grundausbildung junger Pferde unterrichtet.

PAUL STECKEN
Münster, Oktober 2011

PAUL STECKEN
Major a. D. Paul Stecken, geboren am 29. Juni 1916 in Münster erhielt seine grundlegende und prägende reiterliche Ausbildung im Kavallerie-Regiment. In allen Jahren seiner Ausbildertätigkeit achtete er deshalb streng darauf, Reiter und Pferde nach der Reitvorschrift H. Dv. 12 auszubilden. Im Jahr 1950 übernahm er von seinem Vater Heinrich Stecken die Leitung der Westfälischen Reit- und Fahrschule. In dieser Tätigkeit wirkte Paul Stecken bis 1985 prägend für die Reitausbildung in Deutschland. Er unterstützte Dr. Reiner Klimke in der Dressurausbildung seiner Pferde und förderte und unterrichtete auch Ingrid Klimke nach dem Tod ihres Vaters 1999.
Paul Stecken starb am 15. September 2016 im Alter von 100 Jahren.

Ingrid und Dr. Reiner Klimke

DIE GRUNDERZIEHUNG
— *des jungen Pferdes*

DIE ZIELE

Wir leben in einer Zeit des ständigen Wandels. Die moderne Technik hat vieles einfacher und schneller gemacht. Sie hat das Leben der Menschen verändert. Was früher Jahre brauchte, geht heute oft in einem Bruchteil davon. Das Tempo spielt in unserem Leben eine entscheidende Rolle – leider vielfach auch im Umgang mit Pferden. Es werden uns heute auf Reitpferde-Auktionen ungeniert dreijährige Pferde als Spitzendressur-, -spring- oder -vielseitigkeitsnachwuchs angeboten. Von Pferden, die gerade erst angeritten sind, weiß man angeblich bereits jetzt, dass sie sich für große Leistungen in einer ganz bestimmten Spezialdisziplin eignen.
Einem erfahrenen Pferdemann kann man das nicht vormachen. Er kennt den langen, geduldigen Weg eines Pferdes von der Grundausbildung bis zur Spezialausbildung in den verschiedenen Disziplinen. Aber wie viele Pferdefreunde gibt es, die über genügend Sachkenntnis verfügen? Die Reiterei hat sich in den letzten Jahrzehnten ständig vermehrt vom Land in die Stadt verlagert. Eine neue Generation reitbegeisterter Menschen ist herangewachsen. Sie ist nicht mit dem Pferd groß geworden. Sie sehnt sich in der Freizeit nach dem Pferd als einem Teil der Natur oder betrachtet es als reines Sportgerät.
Das Wissen um Haltung und Training des Pferdes hat allgemein abgenommen. Kann man es einem interessierten Reiter deshalb übel nehmen, wenn er den weit verbreiteten Verkaufsanpreisungen glaubt? Die Ergebnisse sind selbst im Turniersport sichtbar: Wie viele Dressur- und Springpferde sieht man mit zusammengezogenen Hälsen, die nicht gelernt haben, sich in ihrem natürlichen Gleichgewicht in den drei Grundgangarten auszubalancieren, aber schon Prüfungen der Klassen L und M gehen müssen. Wie viele Dressurpferde haben noch nie Cavaletti/Bodenricks gesehen oder sich draußen im Gelände unter dem Reiter frei und ungezwungen bewegen dürfen. Allgemein kann man den Eindruck gewinnen, dass viele Beinschäden von Pferden darauf beruhen, dass sie viel zu früh in eine Spezialausbildung mit sehr einseitiger Belastung genommen wurden. Die durch die Zucht in den letzten Jahrzehnten deutlich verbesserten Hälse (hinsichtlich Ansatz und Aufsatz) lassen es zu, dass junge Pferde beim Anreiten zu schnell und zu kurz in Anlehnung gebracht werden. Erforderlich ist vielmehr bei längerer und tieferer Einstellung (fallen gelassener Hals, aber Stirnlinie an der Senkrechten) die Lockerung des Rückens als Bewegungszentrale. Dadurch sind auch die vielen festen Rücken und gespannten Bewegungen zu erklären und die daraus möglichen Rückenschäden, die oft tierärztlich behandelt werden müssen. Die Reiter kommen wenig zum Treiben und haben die in Spannung gehenden Pferde nicht vor sich, sondern unter sich.

ZIEL DER GRUNDAUSBILDUNG

Nach etwa einem Jahr Ausbildung ist das Ziel erreicht, wenn das Pferd:

— an alle äußeren Einflüsse gewöhnt ist (z. B. Stall, Reitbahn, fremde Umgebung, Dressurviereck, Springparcours, Reiten im Gelände, Kennenlernen der unterschiedlichen Geländehindernisse usw.),
— mit den Hilfen des Reiters vertraut gemacht wurde und diese zu befolgen gelernt hat (Gewichts-, Schenkel- und Zügelhilfen, Stimme, Gerte und Sporen),
— so viel Vertrauen, Rittigkeit, Durchlässigkeit, Kraft und Ausdauer erlangt hat, dass es nach ca. einem Jahr eine Dressuraufgabe Klasse A ohne größere Mängel, einen Springparcours Klasse A und möglichst auch einen Geländeritt Klasse A in guter Manier sicher gehen kann.

Das vierjährige Pferd in lockerer Dehnungshaltung

Die Grundausbildung des jungen Pferdes hat zum Ziel, das junge, noch ungerittene oder gerade erst angerittene Pferd durch systematisches Training so vorzubereiten, dass eine sichere Grundlage für eine spätere Spezialisierung geschaffen wird. Das kann sich nicht auf die Förderung bestimmter Anlagen beschränken. Die Aufgabe besteht vielmehr darin, die natürlichen Anlagen des Pferdes umfassend zu entwickeln. Wir wollen erreichen, dass das junge Reitpferd mit der ungewohnten Reiterlast im Rücken zu seinem natürlichen Bewegungsablauf zurückfindet und sich in einer Form und Haltung bewegt, die Ausgangspunkt für die volle Entwicklung seiner Leistungsfähigkeit sind.

Bei diesem Stand der Grundausbildung wird sich zeigen, für welche weitere Ausbildung das Pferd geeignet erscheint oder ob bei diesem Leistungsstand bereits die Grenzen erreicht sind. Ebenso wie der Mensch ist nicht jedes Pferd für Höchstleistungen in einer Spezialdisziplin geeignet. Das ist auch nicht nötig, zumal viele Reiter voll damit zufrieden sind, wenn sie das Ausbildungsziel der Klasse A in dem zuvor beschriebenen Sinne erreichen.

Wir sollten uns vergegenwärtigen, dass für viele Reiter das Erreichen dieser Ausbildungsstufe ein Erfolg ist, der glücklich machen kann. Viele verkrampfen sich, weil sie ihre eigenen Ausbildungsziele und die ihrer Pferde zu hoch ansetzen. In dem Streben nach mehr verpassen sie das eigentliche Glücksgefühl des Reitens. Sie schaden nicht nur sich selbst, sondern vor allem den ihnen anvertrauten Pferden. Diesen wird eine Leistung abverlangt, die ihre Veranlagung nicht zulässt.
In der Grundausbildung dürften diese Probleme kaum auftauchen; denn ein Pferd, welches nicht ohne Schaden bis zur Klasse A gefördert werden könnte, gibt es heute kaum noch.
Wertvolle Hinweise gibt die Grundausbildung des jungen Reitpferdes dem erfahrenen Reiter für die spätere Weiterbildung und Spezialisierung. Mein Vater und ich haben schon manches Dressurpferd ausgebildet, dem man eine Zukunft als Springpferd vorausgesagt hatte. Es stellte sich nämlich heraus, dass es aus übergroßer Vorsicht Riesensätze über kleine Sprünge machte, ihm dann aber der Mut fehlte, wenn die Sprünge höher wurden. Umgekehrt habe ich sogenannte Dressurtalente in die Hand bekommen, die später große Springveranlagung entwickelten, als sie unter dem Reiter an den Hilfen standen und so ihre Kräfte und Springfreude frei entfalten konnten. Eine umfassende Grundausbildung ist wichtig für alle Reitpferde, gleichgültig, ob diese für Freizeitreiter oder für den Turniersport vorbereitet werden sollen. Je sorgfältiger die Gymnastizierung, Muskelbildung, Lockerung des Rückens und das Durchlässigmachen für die Hilfen durchgeführt werden, desto gesünder bleibt das Pferd und umso leistungsfähiger wird es durch die anschließende Weiterbildung und Spezialausbildung.

PATRIOT

Bestes Beispiel ist mein erstes selbst angerittenes Pferd Patriot. Zusammen mit meinem Vater habe ich ihn bis zum Grand Prix, unter Anleitung von Fritz Ligges im Springen bis zur Klasse S ausgebildet.

Patriot von Palast, vielseitig ausgebildet …

… bis zur schweren Klasse!

VERHALTEN UND ERZIEHUNG JUNGER PFERDE

Früher war es häufiger der Fall, dass der Ausbilder schon auf die Fohlenerziehung Einfluss nehmen konnte. Denn während der Fohlenerziehung können Grundlagen gelegt werden, die das spätere Anreiten erleichtern.

Normalerweise kaufen Reiter heute junge Pferde angeritten, im Alter von drei oder vier Jahren. Nur wenige haben die Möglichkeit, selbst Pferde aufzuziehen. Trotzdem sollten sie wenigstens Grundwissen darüber besitzen, wie junge, nicht angerittene Pferde bis zu ihrem ersten Anreiten behandelt und erzogen werden sollten. An dem Verhalten des jungen Pferdes kann man bereits erkennen, wie die Aufzucht erfolgte, wobei ich im Folgenden nur auf die äußerliche Behandlung und Erziehung, nicht aber auf die Fütterung eingehe.

Ein Dreijähriger, der von Geburt an „Familienanschluss" hatte, dem der Mensch und seine Umgebung vertraut sind, lässt sich natürlich

Kess die Welt entdecken!

leichter anlernen als sein Altersgefährte, der „fernab der Zivilisation" überwiegend auf der Weide groß geworden ist. Persönlich nehme ich diese „Naturkinder" genauso gerne in Ausbildung wie Jungpferde, die mit „Familienanschluss" aufgewachsen sind. Gewiss sind die Ersteren oft ängstlicher und brauchen am Anfang mehr Fürsorge. Aber sie sind dann auch häufig besonders anhänglich, wenn sie Vertrauen zum Menschen gefasst haben.
Problematischer für die Ausbildung sind junge Pferde, die während der Aufzucht entweder zu sehr verwöhnt wurden, und solche, die schlechte Erfahrungen gemacht haben. Das übermäßige Verwöhnen kann man abstellen. Man sollte die Pferde nicht vermenschlichen. Es ist ungeheuer schwierig, das Vertrauen von jungen Pferden zu gewinnen, die während der Aufzucht im Umgang mit dem Menschen schlechte Erfahrungen gemacht haben. Sie sind meistens die größten Sorgenkinder während der Grundausbildung, zumal man nicht weiß und erst langsam, geduldig herausfinden muss, welche schlechten Erfahrungen das junge Pferd mit dem Menschen bereits erlebt hat.

Was Hänschen nicht lernt, lernt Hans nimmermehr!

ERZIEHUNG BEGINNT SCHON IM FOHLENALTER

Ein guter Züchter schafft durch richtige Aufzucht und Behandlung des jungen Pferdes die Vertrauensbasis für die spätere Arbeit des Reiters. Die Erziehung beginnt schon im Fohlenalter. Die ersten Tage und Wochen legen den Grundstein für die spätere vertrauensvolle Zusammenarbeit und Partnerschaft zwischen Mensch und Pferd. Nicht das stundenlange Herumspielen mit dem Fohlen, sondern das Vertrauen des Tieres zu gewinnen ist das Entscheidende. Das beginnt mit dem bloßen Aufenthalt in der Box. Fohlen sind von Natur aus neugierig und suchen über kurz oder lang den Kontakt zum Menschen. Geht dieser auch noch in die Hocke, fasst es noch schneller Mut. Ich warte, bis das Fohlen zu mir kommt. Diese Kontaktaufnahme wird durch Kraulen und Streicheln mit der Zeit gesteigert bis zum kurzfristigen Festhalten des Fohlens durch Untergreifen des Halses mit dem linken Arm und leichtes Gegenhalten mit dem rechten Arm am Hinterteil. Daraus lernt es, dass die Welt nicht nur aus Freiheit besteht. Dieser angeborene Freiheitsdrang muss sehr schonend, aber bestimmt unter Kontrolle gebracht werden.
Lässt sich das Fohlen kurzfristig so festhalten, beginnt man mit dem Anlegen eines passenden (nicht zu großen) Halfters, welches möglichst am Nackenriemen verschnallt werden kann. Das hat den Vorteil, dass man den sensiblen Ohrenbereich unberührt lassen kann. Anschließend wird das Fohlen deutlich gelobt. Das sollte fürs Erste genügen. Erst wenn das Fohlen das Halfter selbstverständlich akzeptiert hat, beginnt man das Fohlen zu führen.

Anfangs geht man sehr großzügig mit den Bewegungen des Fohlens mit. Dies alles geschieht in der Box, die für eine Fohlenstute mindestens 15 bis 16 Quadratmeter groß sein sollte. Erst danach führt man die Stute mit dem so gehalfterten Fohlen aus der Box in einen nahe gelegenen Paddock. Hierzu benötige ich zwei Personen, da vor allem eine jüngere Stute erfahrungsgemäß bei diesem ersten Ausflug unruhig sein kann. Dieses kurzzeitige Führen ist für das Fohlen nur zu Beginn etwas Aufregendes und wird schnell zur Selbstverständlichkeit. Auch für den Züchter ist es in diesen ersten Tagen kein Problem, das Fohlen zu halten und zu führen. Ziehen am Strick provoziert Widersetzlichkeit und sollte vermieden werden. Der Führer der Mutterstute sollte mit dieser unbeirrt weitergehen. Je mehr sich die Stute von ihrem Fohlen entfernt, desto eher wird es nachdrängen. Der Führer des Fohlens sollte sich ebenfalls wenig umsehen und das Fohlen nicht anschauen. Erfahrungsgemäß bleibt es dann nämlich erst recht stehen.

Das Vertrauen des Fohlens gewinnen wir, wenn wir es sofort nach einer gehorsamen Befolgung unserer Aufforderung loben. Ein kurzes Wort der Belohnung genügt; denn jede weitere Liebkosung birgt in diesem Alter die Gefahr, den Spieltrieb des Fohlens anzuregen und sich unerwünschtes Kneifen einzuhandeln.

Fohlen sind neugierig. Sie wollen alles beschnuppern und anknabbern. Dazu sind Halfter, Stricke, auch manchmal Mähne und Schweif der Mutter oder der Arm des Betreuers willkommen. Wer sich darauf einlässt und mit dem Fohlen herumspielt, darf sich über blaue Flecke nicht wundern. Leider wird das Beißen des Fohlens mitunter als Böswilligkeit gedeutet und bestraft. Häufig genug wird damit erst die Ursache zur Bösartigkeit gelegt, es kann aber auch zu Verschüchterung und Ängstlichkeit führen. Der erfahrene Züchter lässt sich auf hautnahe Spielereien mit dem Fohlen nicht ein. Er beobachtet das Pferdekind lieber aus der Distanz und beschäftigt sich mit ihm nur in den wenigen Minuten der Erziehungsaufgaben.

RESPEKT UND VERTRAUEN

Respekt und Vertrauen sind keine Gegensätze, sondern vielmehr notwendige Bestandteile erfolgversprechender Erziehung.

Erst wenn sich das Fohlen voll und ganz an das Führen mit dem Strick hinter der Mutter gewöhnt hat, beginnt man mit dem nächsten Schritt, dem Anbinden. Das früher oft praktizierte Anbinden draußen mit starkem Strick oder Kette bis zur Erschöpfung des Fohlens sollte man unbedingt unterlassen. Fachtierärzte halten eine später auftretende Ataxie, d. h. Störungen in der Bewegungskoordination, durch die dabei auftretende starke Belastung der oberen Halswirbel für nicht ausgeschlossen. Dass das Fohlen stehen bleiben muss, wenn auch der Führende stehen bleibt, hat es zwischenzeitlich gelernt. Das erste Anbinden sollte möglichst ebenfalls in der Box stattfinden. Man bindet den Strick dabei nicht fest, sondern zieht ihn durch einen Ring oder um einen festen Gegenstand und hält ihn in der Hand. So hat man die Möglichkeit, im Bedarfsfall nachzugeben und wieder anzunehmen. Auch das Vorführen auf Schauen und für andere Anlässe kann dann geübt werden und wird kaum Probleme bereiten.

Vertrauensvoller Kontakt

Als Nächstes üben wir Putzen und Hufe aufheben. Fohlen haben es gern, wenn Striegel oder Bürste gefühlvoll durch ihr zotteliges Fell fahren. Sie versuchen sofort zu knabbern, als wollten sie dem Menschen zum Dank für diese Wohltat ebenfalls das Fell kraulen. Dem entgeht man am besten durch sanftes Abbiegen des Kopfes oder durch ein kurzes „Lass das!"

Mit der Zeit versteht das Fohlen, dass diese Art seiner Gegenliebe vom Menschen nicht gewünscht wird.

Das Aufheben der Hufe lernen die Fohlen leicht und gern. Man beginnt mit dem Bein, das gerade am wenigsten belastet wird, und hebt es nicht zu hoch, damit keine Balanceschwierigkeiten auftreten. Es bleibt jedem überlassen, ob man zuerst die Hinterbeine oder die Vorderbeine aufhebt. Nur sollte man das Aufheben mit einem kurzen Ansprechen: „Fuß!", begleiten. Dann gewöhnt sich das junge Fohlen

Fohlen sind von Natur aus neugierig.

daran und hebt später den Fuß auf Zuruf schon bei leichter Berührung. Erfahrene Züchter geben sich damit zufrieden, wenn das Fohlen sich putzen, die Füße hoch nehmen und am Halfter führen lässt. Mehr sollte in der Jugend nicht verlangt werden. Die Ausbildung des Reitpferdes ist langwierig und schwierig genug. Wir sollten dem jungen Pferd die Chance geben, im ersten und zweiten Lebensjahr sehr naturverbunden und im Herdenverband aufzuwachsen. Dazu ist so früh wie möglich viel Weidegang erforderlich.

IN WELCHEM ALTER WIRD EIN PFERD ZUM ANREITEN VORBEREITET?

Es gibt Ausbilder, die Jährlinge und vermehrt Zweijährige gelegentlich an der Hand über kleinste Hindernisse (z. B. Cavaletti) springen lassen. Es gibt auch Ausbilder, die longieren bereits „Pferdekinder" in diesem Alter. Beides kann man eher falsch als richtig machen. Wer die Wachstumsprobleme junger Pferde kennt, weiß, dass jede „Ausbildungsarbeit" bei Warmblutpferden im ersten und zweiten Lebensjahr gesundheitsschädlich sein kann. Gerade Jährlinge und Zweijährige wachsen vorne und hinten unterschiedlich. Sie sind dann zeitweilig überbaut und haben dementsprechende Schwierigkeiten, sich im Gleichgewicht auszubalancieren.
Es ist bekannt, dass in Züchterkreisen die Tendenz verfolgt wird, frühreife Pferde zu züchten, um sie 3-jährig auf den Reitpferdeauktionen bereits als gerittene Pferde zu verkaufen. Rennpferde bestreiten schon 2-jährig ihre ersten Rennen und laufen mit drei Jahren im Derby.

AUSBILDUNGSWEG VON ERFOLGSPFERDEN MEINES VATERS

„Winzerin", das olympische Militarypferd meines Vaters von Rom 1960, kaufte er 1956 als Vierjährige. Sie war gerade angeritten. Auch „Arcadius" bekam er 4-jährig angeritten in den Stall. Er hatte ihn erst am Ende seines vierten Lebensjahres in regelmäßiges Training genommen und 1962 das Europa-Championat der Dressurreiter in Rotterdam gewonnen. „Fabiola" hat er 2½-jährig gekauft, mit dreieinhalb Jahren angeritten, und 1964 gewann mein Vater mit ihr das Deutsche Dressurderby in Hamburg. „Ahlerich", eines der erfolgreichsten Dressurpferde aller Zeiten, bekam mein Vater 4-jährig über die Westfalenauktion in Münster. Ihn hat er als Vierjährigen kaum geritten und nur einmal auf einem Turnier vorgestellt. „Ahlerich" war im Gebäude fast der Idealfall, außerdem sehr aufmerksam und leistungsbereit, sodass bei der sehr guten reiterlichen Unterstützung ungewöhnliche Erfolge schon in jungen Jahren möglich waren. Er war das erfolgreichste Pferd meines Vaters und wurde mit 17 Jahren aus dem Sport verabschiedet.

Erfolgreiche Rennpferde beenden ihre Rennlaufbahn allerdings auch schon nach einigen Jahren und werden in der Zucht verwendet. Der erfahrene Pferdeausbilder sollte darauf bedacht sein, mit der Ausbildung eines ihm anvertrauten Reitpferdes erst zu beginnen, wenn das Wachstum der Gelenke, Knochen und Sehnen genügend weit fortgeschritten ist. Früher als mit drei, besser mit dreieinhalb Jahren sollte – auch nach der Überzeugung meines Vaters – kein Warmblutpferd angeritten werden.

Ahlerich, Olympiasieg in Los Angeles 1984

Mein Vater und ich gewöhnten die jungen Pferde etwa im März/April für fünf bis sechs Wochen an die neue Umgebung, an Reitbahn, Trense, Longe und Sattel. Manchmal haben wir sie auch nur kurz angeritten. Danach gönnten wir ihnen im Sommer noch eine volle Weidesaison, bevor wir im Herbst – also 3½-jährig – mit der regelmäßigen Arbeit unter dem Reiter begonnen haben.
Wir haben die Erfahrung gemacht, dass die Ausbildung schneller und wesentlich unproblematischer vonstattenging, wenn wir uns an diese Richtschnur gehalten haben. Keines seiner Erfolgspferde hat er 3-jährig in Materialprüfungen vorgestellt, sondern sie erst 4-jährig auf Turnieren geritten.
Man muss die Geduld aufbringen, mit dem Beginn der Ausbildung abzuwarten, bis das Pferd genügend ausgewachsen und nervlich belastbar und ausgeglichen ist. Dann kommt man am schnellsten zum Ziel und hat den zusätzlichen Vorteil, dass man die Leistungsfähigkeit des Pferdes – von Unglücksfällen abgesehen – über lange Jahre erhalten kann.

DER WEG ZUM ERFOLG
Bei idealem Ausbildungsverlauf und besten Voraussetzungen gilt grundsätzlich folgender roter Faden:
- 4-jährig Klasse A,
- 5-jährig Klasse L,
- 6-jährig Klasse M und
- 7-jährig Klasse S.

UMSTELLUNG VON DER WEIDE IN DEN STALL

Wenn wir ein ca. 3-jähriges Pferd zum Anreiten in den Stall bekommen, wissen wir meistens nicht genau, welche Erziehung es bereits hinter sich hat. Wir sollten uns sorgfältig erkundigen, wo das Pferd aufgewachsen ist, wie die Stall- und Haltungsbedingungen waren und was mit dem Pferd bereits gemacht worden ist. Wir werden dies selten hundertprozentig erfahren, gehört es doch zum täglichen Leben, dass jeder nur Gutes über sein eigenes Pferd zu berichten hat. Deshalb ist etwas Vorsicht angebracht.

Mein Vater hatte es sich zum Grundsatz gemacht, auch bei besten Auskünften den Zustand des Pferdes mit der gebotenen Vorsicht selbst zu überprüfen. Ich lasse es mir nicht entgehen, bei der Ankunft des jungen Pferdes persönlich anwesend zu sein. Dabei beobachte ich sorgfältig das Ausladen aus dem Pferdetransporter, lasse mir das Pferd nach Möglichkeit kurz an der Hand im Schritt und Trab vorführen und es dann in den ihm zugedachten Stall stellen. Da die Umgebung für das Pferd neu ist, sorge ich dafür, dass Ruhe herrscht und sich die anwesenden Menschen in ihrer Neugierde zurückhalten.
Der erste Eindruck, den das Pferd von seiner neuen Umgebung gewinnt, prägt sein weiteres Verhalten. Ich sorge daher für eine frisch eingestreute Box, für eine kleine Ration gutes Heu sowie frisches Wasser in der Tränke. Auch an den nächsten vier bis fünf Tagen halte ich mich als Ausbilder zurück. Dies ist die Zeit der Gewöhnung des jungen Pferdes an seinen Pfleger/Reiter. Nach Möglichkeit lässt man das junge Pferd in den Anfangswochen nur von einem Pfleger versorgen; denn schon das unterschiedliche Verhalten mehrerer Menschen kann die Nerven des Pferdes beanspruchen und zu Misstrauen führen.
Oft kommen Pferde von der Weide zum Anreiten in den Ausbildungsstall. Sehr viel Aufmerksamkeit muss deshalb der Futterumstellung gewidmet werden. Pferde, die von der Weide kommen, sollten anfangs etwa 1,5 bis 2,5 Kilo Hafer (besser: geeignetes Mischfutter) erhalten. Sie bekommen dafür als Ausgleich mehr Heu/Silage (etwa 6 bis 7,5 Kilo) und genügend gutes Stroh. Mohrrüben (etwa ½ bis 1 Kilo) sind zwei- bis

Zweieinhalbjährige Pferde auf der Weide

dreimal in der Woche eine willkommene Abwechslung. Wir sollten darüber hinaus ein offenes Ohr für neue Erkenntnisse aus der Fütterungslehre haben und die diesbezüglichen Beiträge in Fachzeitschriften und Veröffentlichungen lesen. Manche Reiter und einige erfahrene Pfleger sind manchmal noch konservativ eingestellt, was die Fütterung des Pferdes anbetrifft. Sie schwören auf die althergebrachte Futterzusammensetzung, bestehend aus Hafer, Heu und Stroh, und sind kritisch gegenüber modernen Fertigfuttermitteln. Bei Neuerungen sowie bei der notwendigen Ergänzung der Grundnahrung durch Verabreichung von Vitaminen, Mineralstoffen, Lecksteinen etc. sollten wir vorher den Rat unseres Stalltierarztes einholen.
Auch die Bewegung des Pferdes ist bei der Umstellung von der Weide in den Ausbildungsstall von großer Bedeutung. Wir dürfen nicht vergessen, dass das Pferd von Natur aus einen außerordentlich stark entwickelten Bewegungstrieb hat. Alles an ihm ist auf das eine Ziel hin ausgerichtet: den stetigen, ausdauernden und wendigen Lauf.
Dr. Wilhelm Blendinger weist in seinem Buch „Psychologie und Verhaltensweisen des Pferdes" zu Recht darauf hin, dass heutzutage mehr Pferde dadurch belastet werden, dass sie zu wenig, nicht aber zu viel Bewegung haben.

Auf der Weide kann sich das junge Pferd den ganzen Tag frei bewegen. Dies entspricht seiner Natur.

Flotter Galopp an der frischen Luft

Wir können dem jungen Pferd, das von der Weide in den Ausbildungsstall kommt, natürlich nicht im gleichen Umfang Bewegung geben, wie dies vorher, Tag und Nacht, auf der Weide möglich war. Unverzichtbar ist aber der tägliche Weidegang oder Auslauf im Paddock. Wir müssen sicherstellen, dass das junge Pferd eine Stunde täglich zusätzlich beschäftigt wird und genügend Bewegung hat. Am besten unterteilt man in morgens und nachmittags je etwa eine halbe Stunde. Wir können diese Aufgaben in der ersten Woche nach der Anlieferung beruhigt dem Pfleger überlassen und uns auf die Beobachtung beschränken. Umso leichter gewöhnt sich das Pferd und fasst Vertrauen zu seinem ständigen Betreuer. Vormittags sollte dieser das junge Pferd etwa eine Viertelstunde lang frei in der Bahn laufen lassen, ohne es zu jagen oder zu treiben, damit es sich frei bewegen kann. Nachmittags sollte der Pfleger das junge Pferd möglichst draußen auf Trense an der Hand führen und es dabei auf Spaziergängen die nähere Umgebung des Stalles erkunden lassen.
Parallel dazu wird das junge Pferd, soweit es dies in der Fohlenschule noch nicht gelernt haben sollte, an die Pflegehandlungen gewöhnt wie Hufe auskratzen, striegeln und abspritzen der Beine/Hufe. Dabei ist das ruhige, aber bestimmte Vorgehen ausschlaggebend, wie wir es bereits in der Fohlenschule besprochen haben. Der erfahrene Pfleger spricht ruhig zu seinem Pferd. Er benutzt für die einzelnen Handlungen zur Unterstützung wenige, kurze Worte wie „Komm!“, „Steh!“, „Fuß!“, „Brav!“.

WIR BEOBACHTEN DAS PFERD

Im Allgemeinen sollten wir uns im Umgang mit Pferden vor zu viel „Vermenschlichung" hüten. Leckerli im falschen Moment provozieren Untugenden. Anstelle von übertriebenen Liebkosungen sollten wir uns durch genaue Beobachtung des Pferdes Gewissheit über seinen jeweiligen psychischen Zustand verschaffen und danach unser Handeln ausrichten. Gegenstand solcher Beobachtungen sind Auge, Ohr, Gesichtsausdruck, Schweif, Stimme, Schnauben, Schweißbildung und der Gang des Pferdes. Worauf achten wir im Einzelnen?

AUGEN

Aus dem Auge des Pferdes können wir einiges über Temperament und Charakter ablesen. Ein ruhiges, klares und gutmütig blickendes Auge ist das Zeichen für einen angenehmen Charakter. Pferde mit kleinen Augen und einem misstrauischen Blick haben oft Temperamentschwierigkeiten. Pferden mit Augen, in denen viel Weiß zu sehen ist, sagt man nach, dass sie sehr energische und deshalb manchmal unbequeme Pferde sind.

Wenn das Auge des Pferdes unruhig blickt, deutet dies auf Ängstlichkeit hin. Das ist bei einem Stallwechsel nicht ungewöhnlich. Es zeigt an, dass das Vertrauen zur Bezugsperson und zu der neuen Umwelt noch nicht genügend gefestigt ist. Hält der unruhige Ausdruck aber trotz guter Behandlung an, besteht Anlass zur Besorgnis; denn das ängstlich blickende Auge kann auch Ausdruck von innerer Unruhe und von Schmerzen sein. Wir sollten dann ggf. den Tierarzt hinzuziehen.

Neugierig die Welt entdecken

Souverän und gelassen

Zu allen Taten bereit

Nach allen Seiten auf Empfang

OHREN

Die Gemütsverfassung lässt sich auch am Ohrenspiel des Pferdes ablesen. Vorwärts gespitzte Ohren signalisieren eine ausgeglichene, aufmerksame Stimmung. Aufgestellte, aber mit den Öffnungen nach hinten gedrehte Ohren deuten auf gespannte Aufmerksamkeit nach rückwärts hin. Zurückgelegte und angelegte Ohren sind ein deutliches Zeichen von Unbehagen. Wenn wir dies sehen, müssen wir auf der Hut sein. Legt ein Pferd die Ohren deutlich an, ist es auf Abwehr eingestellt. Es kann plötzlich schlagen oder beißen.

GESICHTSAUSDRUCK

Den Gesichtsausdruck des Pferdes kann man beim ersten Beobachten häufig noch nicht voll erfassen. Das Mienenspiel des Pferdes, zu dem auch die Bewegungen der Nüstern, Lippen und Ohren und der Ausdruck der Augen gehören, ist sehr vielfältig. Darin lesen zu können gehört zu den schönsten Erlebnissen im Umgang mit dem Pferd. Wenn man ein Pferd längere Zeit täglich sieht, bekommt man den Blick für den Ausdruck dieses besonderen Pferdegesichtes.

SCHWEIF

Losgelassenes Gehen und Zufriedenheit verrät ein ruhig im Takt der Bewegung pendelnder Schweif. Ist er eingeklemmt oder wird er steif gehalten, zeigt er Spannungen, besonders im Rücken an, die oft auch auf Stallübermut hindeuten können. Beim Freilaufen folgen meistens kurz darauf einige Luftsprünge aus Freude. Wenn der Bewegungsdrang nachlässt, trägt das Pferd dann auch den Schweif wieder normal.

AUGEN, OHREN, SCHWEIF
lassen uns den Gemütszustand erkennen!

Gespitzte Ohren, wacher Blick

Pferde, die während des Reitens mit dem Schweif schlagen, sind oft gespannt. Man darf sie später nicht zu früh mit Sporen reiten und muss sich auf eine gewisse Empfindlichkeit einstellen. Auf die Losgelassenheit im Rücken ist von Anfang an besonders zu achten.

STIMME

Pferde handhaben den Gebrauch ihrer Stimme unterschiedlich. Es gibt Pferde, deren Stimme man nur sehr selten laut hört. Andere wieder begrüßen jeden Artgenossen durch lautes Wiehern. So machte z. B. „Dux", das Olympiapferd meines Vaters, jedes Mal, wenn es in eine fremde Umgebung kam, durch lautes, freundliches Wiehern auf sich aufmerksam. Ebenfalls ist dies typisch für Hengste, wenn sie in eine fremde Umgebung kommen. Junge Pferde wiehern häufig vor Aufregung den zurückgebliebenen Stallgenossen nach. Es ist nicht schwer, ein Pferd so zu erziehen, dass es zur Begrüßung des Reiters kurz wiehert. Man braucht ihm nur jedes Mal einen kleinen Leckerbissen mitzubringen. Wir erleben es auch häufig, dass Pferde mit dunklem Wiehern reagieren, wenn der Futterwagen kommt.

Stöhnt ein Pferd, kann man sicher sein, dass es starke Schmerzen hat. Dann sollte man sofort Hilfe herbeiholen. Typisch und charakteristisch sind die Quieklaute. Man hört sie, wenn zwei Pferde sich näher beschnuppern. Meistens folgt unmittelbar danach ein Stampfen oder ein Imponiertritt. Bei rossigen Stuten sind solche Laute üblich.

SCHNAUBEN

Schnauben ist ein Zeichen für Zufriedenheit. Das Pferd zeigt an, dass es seine Spannungen aufgegeben hat und gelöst ist. Davon zu unterscheiden sind ein mehr schnarchendes Geräusch beim Einatmen und stoßweises Schnauben beim Ausatmen. Wir hören dies, wenn das Pferd aufgeregt ist oder aus der Ferne ein fremdes Geräusch hört. Laien verwechseln das „Schnarchen" vor Aufregung zuweilen mit dem sogenannten „Ton" bei Stimmbandlähmung.

SCHWEISSBILDUNG

Schweißbildung bei Pferden ist eine natürliche Erscheinung als Folge der Arbeit. Sie zeigt uns den Grad der Anstrengung an und ist insoweit ein Hilfsmittel für die Einteilung der Anforderungen. Bei großen Schmerzen, z. B. bei Kolik, ist plötzliche erhebliche Schweißbildung üblich. Junge Pferde können auch vor Aufregung ins Schwitzen geraten. Sie zittern dann, und man kann ihr Herzklopfen in der Höhe des Sattelblattes fühlen. Die jeweiligen Außentemperaturen bzw. Jahreszeiten spielen natürlich ebenfalls eine Rolle. Gelegentlich lassen sich bei einseitig verspannten Pferden eine nass geschwitzte und eine trockene Seite oder auch einzelne feuchte Muskelpartien, z. B. am Hals, beobachten. Wie bei Menschen gibt es aber auch Pferde, die von Natur aus zu vermehrter Schweißbildung neigen.

GRUNDGANGARTEN

Die Grundgangarten des Pferdes sind besondere Merkmale für seine Leistungsfähigkeit. Deswegen gilt ihnen auch unsere besondere Aufmerksamkeit.

Wenn ein junges Pferd aus dem Stall kommt, z. B. zum Freilaufen in der Bahn, ist es ganz normal, dass seine Grundgangarten zunächst gespannt sind. Der Bewegungsdrang bringt es mit sich, dass das junge Pferd zuerst seinem Stallübermut Luft machen muss. Erst danach kann man den Bewegungsablauf in seiner Qualität erkennen und studieren. An der Art und Weise, wie z. B. das junge Pferd im Galopp die kurze Seite der Reitbahn passiert und sich dabei ausbalanciert oder nicht, kann man ablesen, was man in der späteren Galopparbeit zu erwarten hat. Die Trabmechanik zeigt an, welche Entwicklungsmöglichkeiten das Pferd mitbringt. Man könnte ein langes Kapitel allein darüber schreiben, welche Rückschlüsse und Ausbildungshilfen die Beobachtung eines frei laufenden Pferdes vermittelt. Das Sehen ist eine wertvolle Ergänzung zu dem, was der Reiter im Sattel fühlt und erlebt. Beim Freilaufen kann man alle drei Grundgangarten des Pferdes in seiner Veranlagung und seinen Möglichkeiten sehen, so, wie die Natur sie dem Pferd mitgegeben hat. Durch die Einwirkung des Reiters kann sich dieser natürliche Bewegungsablauf verändern.

Raumgreifende Galoppade

GEWÖHNUNG AN SATTEL UND ZAUMZEUG

Außer Halfter und Strick sind dem jungen Pferd die Ausrüstungsgegenstände unbekannt. Wir müssen es daran also erst gewöhnen, bevor wir mit der eigentlichen Ausbildungsarbeit beginnen können. In dieser Gewöhnungsphase kommt der Bezugsperson (Pfleger), zu der das junge Pferd durch den täglichen Umgang beim Füttern und Putzen das größte Vertrauen hat, besondere Bedeutung zu.

Bei schwierigen Pferden sollte der Pfleger ein besonderes Verhalten anwenden: Er nutzt die angenehme Erinnerung des Pferdes an das Futter und bringt die für das Pferd unbekannten Gegenstände zusammen mit der Futterkelle in die Box. Das Pferd wird beim Füttern von einem Helfer festgehalten und der Pfleger legt in zwangloser Reihenfolge Decke, Gurt und Gamaschen an.

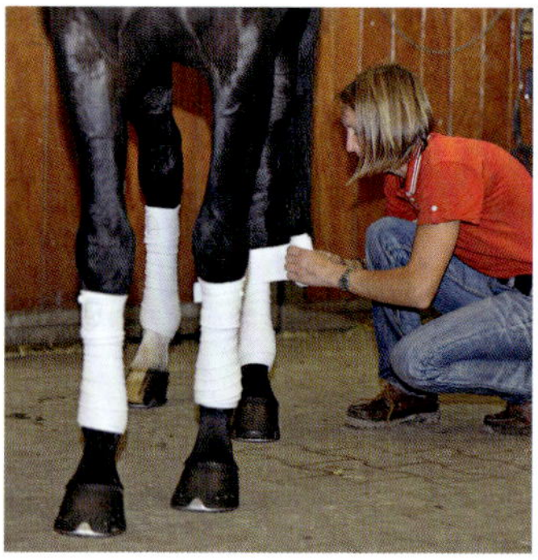

Auch an das Bandagieren muss das junge Pferd gewöhnt werden.

Bandagen oder Gamaschen kann man auch problemlos nach dem Putzen auf der Stallgasse anlegen. Bei Gurt und Decke ist Vorsicht geboten, weil das Pferd möglicherweise beim Gurtanziehen, das immer gefühlvoll und nicht zu stramm erfolgen sollte, unruhig werden kann. Bei jungen Pferden kann man Gamaschen oder Bandagen gleichermaßen verwenden. Gamaschen sind vorteilhafter, weil sie schneller anzulegen und leichter zu reinigen sind. Bandagen müssen öfter gewaschen werden. Da junge Pferde während der ersten Winterarbeit noch keine Eisen haben, erfüllen Gamaschen und Bandagen als Schutz gegen Überbeine und Sehnentritte in etwa die gleiche Wirkung. Bei beschlagenen Pferden mögen spezielle Gamaschen den besseren Schutz abgeben.

DIE RICHTIG VERSCHNALLTE TRENSE

Auftrensen lässt sich mit Füttern nicht verbinden. Ich habe die Erfahrung gemacht, dass dies nach dem Fressen am besten geht, weil die Pferde dann zufriedener sind. Solange ich Pferde anreite, habe ich immer die einfache Wassertrense mit hannoverschem oder kombiniertem Reithalfter benutzt. So werde ich es auch in der Zukunft halten, wenngleich man immer mehr Pferde bereits im jungen Alter mit Spezialgebissen und -reithalftern sieht.

Das hannoversche Reithalfter hat den Zweck, das Maul des Pferdes geschlossen zu halten und das Pferd daran zu hindern, dem Gebiss durch Bewegungen des Unterkiefers auszuweichen. Das kombinierte Reithalfter erzeugt weniger Druck auf den Nasenrücken. Dieses Reithalfter muss hoch genug (so nah wie möglich zum Jochbein) verschnallt werden, damit beim Annehmen der Zügelhilfe nicht die Lefzen des Pferdes zwischen Gebiss und Halfter eingeklemmt werden. Die konkrete Auswahl hängt vom Einzelfall ab. Es ist klar, dass nur eine richtig verschnallte Trense die Gewähr dafür bietet, dass das Pferd das Gebiss annimmt und keine Maulfehler entstehen.

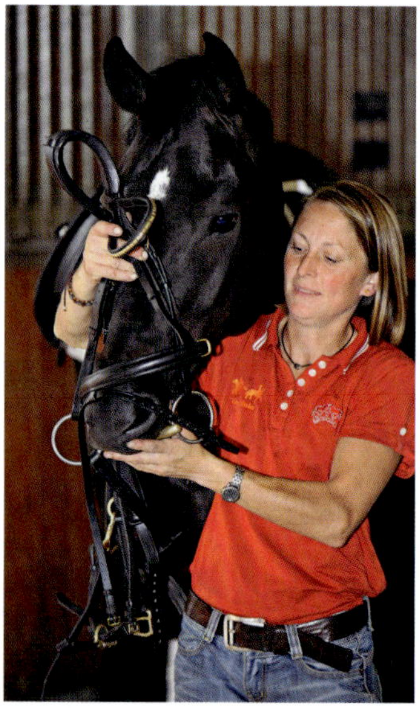

Achtsames Auftrensen

Von entscheidender Bedeutung für die Ausbildung: die richtig verschnallte Trense mit passendem Gebiss

Zu beachten ist vor allem die richtige Lage des Gebisses im Pferdemaul. Ein doppelt oder einfach gebrochenes, genügend dickes Wassertrensengebiss ist meiner Meinung nach am besten geeignet.
Ein gelegentliches Zeigen der Zunge könnte mit festgezogenem Nasenriemen zwar vorübergehend verhindert werden. Dauerhaft beheben kann man den Fehler dadurch jedoch nicht. Das Pferd wird sich immer

DER RICHTIG VERSCHNALLTE NASENRIEMEN

Im Normalfall sollen zwischen Nase und Nasenriemen etwa zwei Finger Platz haben. Dann fühlt sich das Pferd nicht beengt und wird dazu angehalten, zu kauen und dabei das Maul geschlossen zu halten. Ziehe ich den Nasenriemen zu stramm, habe ich den Widerstand bereits vorprogrammiert. Nicht nur, dass die Luftzufuhr behindert wird, weil das Pferd nur durch die Nüstern atmet; das Pferd fühlt sich auch insgesamt eingeengt. Die Maultätigkeit ist behindert, und Widerstand gegen die Hand wird provoziert.

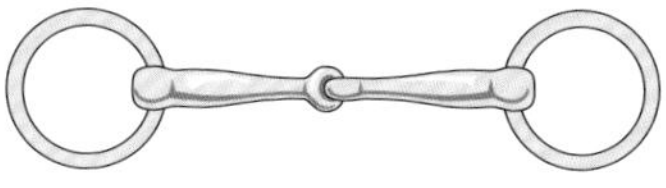

Einfach gebrochene Wassertrense

Doppelt gebrochene Wassertrense

mehr wehren, sodass der Nasenriemen immer stärker nachgezogen werden muss, um Augenblickserfolge zu erzielen. Ich habe derartige Zungenfehler mit Erfolg dadurch korrigiert, dass ich zu dem anderen Extrem überging, den Nasenriemen so weit wie möglich lockerte oder ihn für eine Zeit lang durch ein englisches Reithalfter ersetzte. Eine weiche, gefühlvolle Hand bei korrekt verschnalltem Nasenriemen und richtig anliegendem Gebiss verhindert Zungenfehler am besten. Wichtig ist noch, dass bei Pferden mit kleiner Maulspalte auf ein nicht zu breites Gebiss und ein sorgfältig verschnalltes Reithalfter geachtet wird, um Zungenfehler zu vermeiden.

SATTEL

Zur Gewöhnung kann man den Sattel schon vor dem ersten Longieren in der Box auflegen, und zwar zuerst ohne Bügel und Gurt. Später wird dann der Gurt angelegt und allmählich Schritt für Schritt angezogen. Dadurch vermeidet man, dass sich das Pferd „aufbläst" oder Sattelzwang bekommt.
Andere Ausbilder gewöhnen das Pferd erst an den Sattel, wenn es das Mustern an der Hand beherrscht und schon mit Gurt longiert worden ist. Dies sind unterschiedliche, aber verständliche Auffassungen. Wir haben den Sattel immer sehr früh aufgelegt, auch wenn er noch nicht gebraucht wurde. Dann haben wir das Mustern an der Hand geübt. Später, wenn der Sattel zum Anreiten benötigt wurde, war er für das Pferd schon bekannt. Das hatte Vorteile.
Wir benötigen für das erste Anreiten des jungen Pferdes einen Vielseitigkeitssattel. Spezialsättel für die Disziplinen Dressur und Springen sind erst später angebracht.
Der Sattel muss richtig gebaut und seine Lage der Körperform des Pferdes angepasst sein, damit das Reitergewicht gleichmäßig verteilt wird und keine Druckstellen entstehen. Der Reiter muss im Sattel richtig sitzen und einwirken können. Der Sattel sollte beim späteren Aussitzen ein Mitschwingen am lockeren Rücken ermöglichen. Es lohnt sich, einen Fachmann zu Rate zu ziehen und einen Sattel erst zu kaufen, nachdem er ohne Sattelunterlage dem Pferd aufgelegt und für gut befunden worden ist. Am Sattelzeug zu sparen hieße, an der falschen Stelle zu sparen.

Der Sattel muss der Körperform des Pferdes angepasst sein.

MUSTERN AN DER HAND

Abhängig vom Zuchtgebiet werden Junghengste Ende 2-jährig oder Anfang 3-jährig auf der Hauptkörung vorgestellt. Die Stuten werden 3-jährig zwecks Eintragung in das Hauptstutbuch des jeweiligen Zuchtverbandes bzw. im Idealfall zwecks Auswahl für die jährlich stattfindende Eliteschau vorgeführt. Hierzu muss fleißig geübt werden, wenn man einen guten Eindruck hinterlassen und die Vorzüge seines Pferdes voll zur Geltung bringen will. Darüber hinaus gibt es viele

Gelegenheiten und Notwendigkeiten, das junge Pferd dem Tierarzt, dem Schmied, dem Richtergremium oder einer Ankaufskommission zur Beurteilung von Gebäude und Gangarten zu zeigen.
Wir nennen dies Mustern oder Vormustern an der Hand, wofür es eine feste Form gibt. Verlangt wird das Mustern an der Hand auf Trense beispielsweise bei Reitpferdeprüfungen oder bei Verfassungsprüfungen in der Vielseitigkeit.
Das Mustern an der Hand ist schon für ein zweijähriges Pferd eine gute Vorübung für das spätere Anreiten. Es erfolgt stets mit dem ungesattelten Pferd und besteht aus zwei Teilen: dem Aufstellen und dem Vorführen des Pferdes im Schritt und Trab.

AUFSTELLEN

Zum Aufstellen hält der Reiter mit der Schulter des Pferdes etwa in Höhe des Beurteilers an, tritt einen Schritt vor und stellt sich vor das Pferd, die Beine etwas auseinander. Mit der linken Hand erfasst er den rechten und mit der rechten Hand den linken Zügel ca. eine Handbreit hinter den Trensenringen. Die Daumen sollen auf den Trensenzügeln liegen und die Zügelenden in der rechten Hand verbleiben.

Das Pferd könnte mit dem Vorderbein etwas offener stehen.

Anschließend überzeugt sich der Reiter, ob das Pferd gleichmäßig auf allen vier Beinen steht. Ist dies nicht der Fall, wird durch leichtes Vorwärtsziehen oder durch weichen Druck auf das Maul und leichtes Rückwärts die Stellung korrigiert.

Steht das Pferd gerade und so auf allen vier Beinen, dass der Beurteiler diese offen sehen kann (immer auf ebener Fläche), hebt der Reiter den Kopf des Pferdes etwas an (nicht so viel, dass das Pferd den Rücken wegdrücken kann), um den Hals und die Gesamterscheinung vorteilhaft zur Geltung zu bringen.

Nach der Vorstellung tritt der Reiter an die linke Seite des Pferdes zurück und nimmt die Zügel wieder in die rechte Hand. Die Zügel werden durch Zeige- und Mittelfinger geteilt, und zwar etwa eine gute Handbreit unterhalb der Trensenringe.

Der rechte äußere Zügel soll etwas kürzer gefasst werden als der linke, damit der Kopf nicht nach innen gezogen wird und das Pferd besser gerade schreiten und traben kann. Die Zügelenden laufen von unten nach oben durch die volle rechte Hand und werden vom Daumen festgehalten.

Ob das Vorführen gelingt …

VORFÜHREN

Zum Vorführen des Pferdes kennen wir zwei Möglichkeiten. Soll das Pferd umfassend beurteilt werden, erfolgt das Vorführen auf einer Dreiecksbahn. Sonst begnügt man sich mit dem Hin- und Herführen auf einer geraden Linie, an deren Ende das Pferd rechtsum gewendet wird. Bei einer Wendung nach links könnte der (immer) links, also dann innen führende Reiter bei einem eventuellen Scheuen umgerannt werden. Wir führen das Pferd stets zuerst im Schritt und dann im Trab. Der Reiter begleitet das Pferd beim Vorführen, indem er links neben dem Pferd etwa in Höhe des Pferdekopfes mitgeht. Die rechte Hand (Zügelhand) hält er in Schulterhöhe. Den linken Arm lässt er zwanglos herabhängen. Beim Traben bemüht sich der Reiter, im Gleichschritt mit dem Pferd zu laufen. Wird ein Pferd zu eilig, kann man es durch Anheben der linken Hand beruhigen. Oft werden beim Traben die Zügel ohne Anlehnung geführt, sodass Pferde im Bemühen, vorwärtszutraben, häufig angaloppieren. Besser ist es, das Vorwärtstraben mit leichter Anlehnung zu kontrollieren, um Taktfehlern beim Traben vorzubeugen.

Das Vorführen macht Spaß und erzieht das Pferd.

... hat jeder selbst in der Hand.

Dies ist die vorgeschriebene Form des Musterns an der Hand. Aus der Beschreibung der einzelnen Teile wird deutlich, was wir dem jungen Pferd alles beibringen müssen, bevor wir es fachgerecht zeigen können. Zum Üben empfehle ich, eine lange Reitgerte mitzunehmen. Auch gehe ich anfangs mehr neben der linken Schulter des Pferdes und fasse die Zügel etwas länger. Dadurch gelingt es mir leichter, unterstützend auf das Pferd einzuwirken. Ich nehme es sozusagen zwischen Gerte und Zügel an die Hilfen.

Zunächst gehe ich einfach los und führe das Pferd am langen Zügel, so, wie es dies als Fohlen gelernt hat. Dabei schaue ich das Pferd nicht an. Ebenso wichtig ist der Grundsatz, dass man nicht vor, sondern neben Kopf und Hals führt. Ich gehe so selbstverständlich und bestimmt, dass mein Pferd überhaupt nicht auf den Gedanken kommt, es solle etwas Besonderes tun. Dann bleibe ich stehen und sage beruhigend: „Haaalt!" Das junge Pferd wird noch einige Schritte weitergehen, aber ebenfalls verhalten, weil es auf mich achtet. Ich gebe dann einen kleinen Anzug am Zügel und lasse sofort wieder los, um einem etwaigen Widerstand zuvorzukommen. Nach einem erneuten „Halt!" oder „Brav!" wird das Pferd ebenfalls stehen bleiben. Ich klopfe es kurz am Hals und verweile einige Augenblicke, in denen ich das Pferd genau beobachte. Dann blicke ich wieder nach vorn, gehe weiter und sage: „Komm!" Das Pferd wird mir folgen. Zögert es, kann ich es mit der Gerte leicht an der Hinterhand antreiben.

Diese Übung: weitergehen und anhalten, wiederhole ich so lange, bis das junge Pferd sie kennt. Das kann sich über einige Tage hinziehen. Ich beginne immer erst, nachdem ich das Pferd in der Bahn frei habe laufen und sich austoben lassen. Sonst schaffe ich mir unnötige Probleme, weil das Pferd zu gespannt und zu unruhig ist.

Korrekte Zügelhaltung beim Vorführen

Trotzdem wird der Tag kommen, an dem mein Pferd beim Anführen, meistens beim Antraben, heftig wird und davonstürmen will. Dann kommt die Bewährungsprobe für den Reiter. Er muss die berühmte Zehntelsekunde schneller reagieren als sein Pferd. Es bleibt ihm nichts anderes übrig, als einige Male, notfalls auch etwas fester, die Zügel anzunehmen (ohne zu rucken), um dem jungen Pferd klarzumachen: Halt, weiter geht es nicht! Auf keinen Fall darf der Reiter zu lange am Zügel ziehen. Dann riskiert er, dass sich das Pferd festbeißt und ihn mitzieht.

Später, wenn der Gehorsam mehr gefestigt ist, benutze ich während des offiziellen Vorführens die freie linke Hand und halte sie dem Pferd zur Beruhigung vor den Kopf, falls es heftig wird. Faule Pferde werden beim Mustern an der Hand durch eine Hilfsperson mit der Peitsche angetrieben. Dabei ist das Knallen mit der Peitsche fehlerhaft.

Die Erziehung zum Gehorsam für das Mustern an der Hand ist eine wichtige Vorstufe für die Ausbildung des Reitpferdes. Junge Pferde, die hierbei ihr Vertrauen zum Menschen außerhalb des Stallbereiches gefestigt haben, sind innerlich darauf vorbereitet, Neues zu lernen.

LONGIEREN
— *und freies Bewegen*

GRUNDLAGEN

ERSTES LONGIEREN

Von nun an beginnt vermehrt die Arbeit des Ausbilders. War es bisher richtig, dass er mehr interessiert beobachtet hat, so kommt jetzt die Zeit, in der er die tägliche Ausbildungsarbeit des jungen Pferdes übernimmt. Der Pfleger wird aber noch nicht überflüssig. Wir brauchen ihn als Hilfsperson noch vom Anlongieren bis zum ersten Aufsitzen, was aber von Pferd zu Pferd unterschiedlich sein kann. Ich habe junge Pferde erlebt, die so umgänglich, ausgeglichen und vertrauensvoll waren, dass man schon nach drei bis vier Mal Longieren mit der notwendigen Vorsicht ohne Schwierigkeiten aufsitzen konnte. Bei etwas unruhigeren Pferden sollte der erfahrene Ausbilder merken, ob auch einmal sieben bis acht Mal Longieren angebracht sind.
In meine Ausführungen zum Thema Longenarbeit sind meine persönlichen Erfahrungen und die meines Vaters eingeflossen, die im Wesentlichen auf die Arbeitsweise der Westfälischen Reit- und Fahrschule zurückgehen. Ich habe dieses Thema hier nur in Bezug auf die Grundausbildung des Pferdes behandelt, eine detaillierte Darstellung aller Einsatzmöglichkeiten der Longenarbeit würde ein eigenes Buch füllen und den Rahmen hier sprengen. Auch nach dem Anreiten und während der weiteren Grundausbildung ist das Longieren eine wertvolle Ausbildungshilfe. Sie begleitet und ergänzt die Arbeit unter dem Reiter. Abgesehen vom Anlongieren hat sich nach meinen Erfahrungen das Longieren zum Lösen vor dem Reiten, namentlich bei Pferden mit Rücken- und Halsschwierigkeiten, bewährt. Besonders nach reitfreien Tagen kann es angebracht sein, den Stallübermut des Pferdes durch ca. 15 bis 20 Minuten Longieren abklingen zu lassen.

OFT UNTERSCHÄTZT

Richtiges Longieren ist genauso anspruchsvoll wie richtiges Reiten und erfordert viel Erfahrung und Einfühlungsvermögen. Unsachgemäßes Vorgehen kann großen Schaden anrichten. Erfahrene Ausbilder gehen beim ersten Longieren des jungen Pferdes nicht nach einem starren System vor. Sie nutzen ihre Erfahrungen und stellen sich individuell auf das unerfahrene Pferd ein.

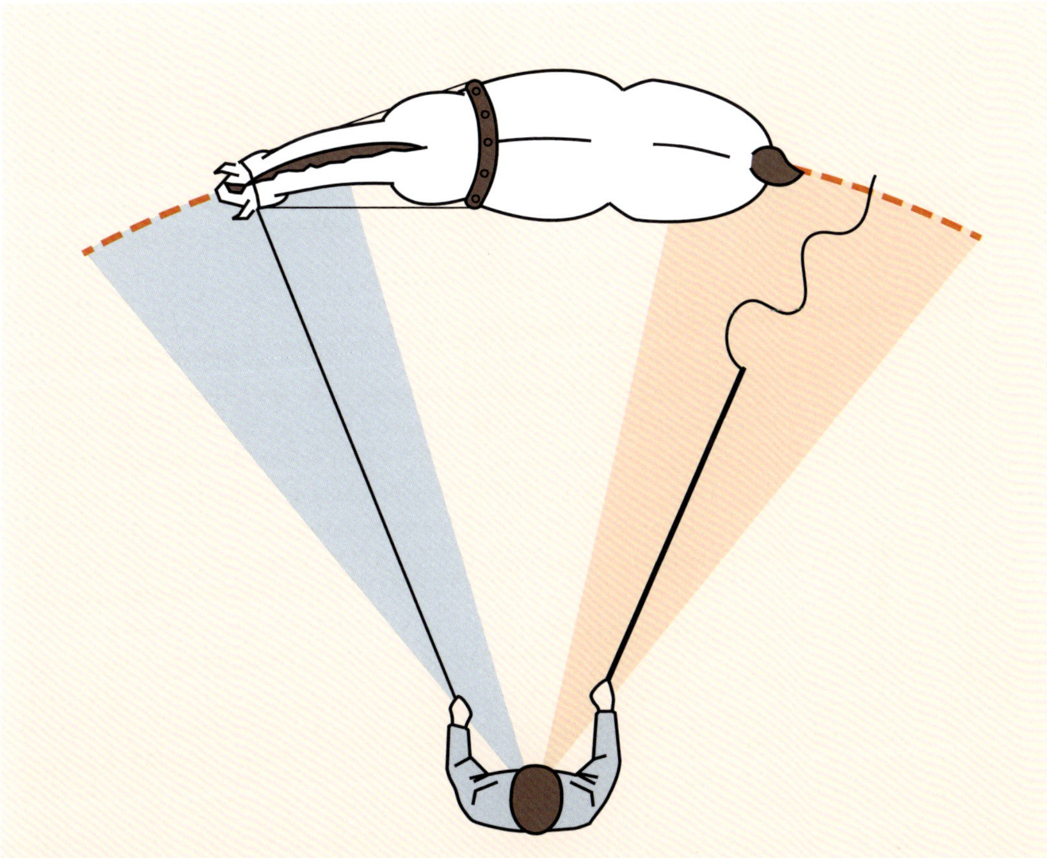

Zusammenwirken der Hilfen beim Longieren

Darüber hinaus kann man an bestimmten Tagen das Longieren anstelle des Reitens ansetzen, wenn man z. B. beobachten will, wie die Bewegungen, das Muskelspiel sowie das Verhalten und die Reaktion des Pferdes von unten aussehen.

Als Ergänzung zum Reiten kann durch das Longieren auch das ehrliche Herantreten an das Gebiss durch gefühlvolles Antreiben der Hinterbeine erreicht werden. Dieses Longieren (ohne anschließendes Reiten) dauert dann ca. 30 bis 40 Minuten. Im Einzelnen wird dies noch in den späteren Kapiteln angesprochen, wenn wir zur eigentlichen Ausbildung unter dem Reiter kommen.

Die Arbeit an der Longe bereitet das erste Aufsitzen und Anreiten vor. Das Pferd lernt durch Stimme, Peitsche und Longe treibende und verhaltende Hilfen. Der Begriff: Zusammenwirken der Hilfen spielt auch hier, wie beim Reiten (Gewicht-, Schenkel-, Zügelhilfen), eine große Rolle. Das Pferd wird dazu gebracht, sich an das Gebiss heranzudehnen, anfängliche Verkrampfungen abzulegen und das Gleichmaß der Bewegungen in den drei Gangarten Schritt, Trab und später Galopp auf der Zirkellinie wiederzufinden.

LONGENARBEIT IN DER GRUNDAUSBILDUNG

- Anlongieren
- Ablongieren vor dem Reiten
- Longieren anstelle des Reitens
- Longieren über Cavaletti

LONGIERAUSRÜSTUNG

Wir benötigen zum Longieren außer der Trense und den Gamaschen bzw. Bandagen folgende Spezialausrüstung:

— Longiergurt, evtl. Kappzaum
— Dreieckszügel (notfalls Ausbindezügel)
— Longe, Longierpeitsche

Der Longiergurt sollte 15 – 20 cm breit und in der Sattellage gut gepolstert sein. Wir können den Longiergurt auch über den Sattel legen. Dies ist insofern praktisch, da man zum anschließenden Reiten nicht erst umzusatteln, sondern nur den Gurt abzunehmen braucht. An jeder Seite des Gurtes sind in kleinen Abständen Ringe angebracht, die zum Höher- und Tieferstellen der Dreieckszügel dienen. Dies ist sehr zweckmäßig bei den unterschiedlichen Halsansätzen und -einstellungen bzw. bei dem jeweiligen Ausbildungsstand des jungen Pferdes. Der Kappzaum soll einen gut gepolsterten Nasenriemen haben und so geschnallt sein, dass keine Scheuerstellen entstehen können. Am Nasenriemen sind drei Ringe befestigt. Die Longe wird zunächst in den mittleren Ring eingeschnallt. Bei Pferden, die nach außen drängen, benutzt man den inneren Ring, um ein Verschieben des Kappzaumes zu verhindern.

Bereit für die Ausbildung an der Longe

Longiergurt mit Dreieckszügeln. Die unterschiedlich angebrachten Ringe bieten eine Vielfalt an Möglichkeiten.

Der vollständige Kappzaum ist recht umständlich. Es ist gerade bei jungen Pferden eine langwierige Prozedur, ehe alles richtig verschnallt ist. Erst wird dem Pferd die Trense mit oder ohne Reithalfter aufgelegt. Anschließend wird darüber der Kappzaum gezogen, und zwar so, dass Kopfstück und Stirnriemen über den entsprechenden Teilen der Trense liegen. Sodann wird der Backenriemen fest angezogen, damit sich das äußere Backenstück nicht verschieben und das Auge des Pferdes verletzen kann, ohne dass der Longenführer es rechtzeitig bemerkt. Viel einfacher ist die Verwendung des sogenannten Unterschnallkappzaumes. Dieser besteht aus einem Nasenriemen in der Form eines Kandarenreithalfters, auf dem vorne die drei Ringe angebracht sind, und einem Backenriemen. Ich bevorzuge für junge Pferde diesen vereinfachten Kappzaum, denn je weniger Lederzeug das Pferd am Kopf hat, desto freier fühlt es sich.

Mit der Verwendung des Kappzaumes erreichen wir, die Hilfen mit der Longe auf die weniger empfindlichen knöchernen Teile der Nase zu übertragen und das Pferdemaul zu schonen. Das junge Pferd soll das Trensengebiss als angenehm empfinden und nicht im Maul gestört werden, wenn der Longenführer aus manchmal nicht zu vermeidenden Gründen, namentlich bei einem davonstürmenden Pferd, mit der Hand einwirken muss. Nachteilig beim Longieren mit Kappzaum ist, dass

01

02

01 Einhaken der Longe in den inneren Trensenring

02 Einhaken der Longe in den inneren Trensenring und in den Ring des hannoverschen Reithalfters

der Longenführer die oft notwendigen annehmenden und nachgebenden Longenhilfen weniger gefühlvoll und wirkungsvoll geben kann. Die Longe sollte man in den inneren Gebissring der Trense einhaken. Damit das Trensengebiss nicht seitlich aus dem Pferdemaul gezogen werden kann, sollte das Pferd lang ausgebunden sein. Fehlerhaft ist es, die Longe in der Weise anzulegen, dass man sie durch den inneren Trensenring führt und um das Kinn in den äußeren Trensenring einhakt. Ich empfehle deshalb für das Longieren junger Pferde bei Fehlen eines Kappzaumes das Einschnallen der Longe gemeinsam in den inneren Trensenring und den Verbindungsring des hannoverschen Reithalfters.

Die Dreieckszügel gebrauchen wir als Hilfe für den Ersatz der Reiterhand. Meiner Meinung nach sind Dreieckszügel besser geeignet als Ausbindezügel, da sie nicht so starr sind und dem Pferd den Weg in die Tiefe nach vorwärts-abwärts erleichtern.

Da sie dem Gebiss eine ruhige Lage verleihen, helfen sie dem Pferd, eine vertrauensvolle Anlehnung zu finden. Manche Ausbilder halten den eingearbeiteten Gummiring für nachteilig, da das junge Pferd dadurch lernen würde, „gegen das Gebiss zu stoßen". Diese Erfahrung habe ich nicht gemacht. Man kann den Gummiring ohne Weiteres mit dem weichen Handgelenk vergleichen. Wir verschnallen die Dreieckszügel so lang, dass sie den freien Bewegungsablauf des Pferdes (im Schritt) nicht behindern. Oft werden bei jungen Pferden die Dreieckszügel gleich lang geschnallt. Dies ist vorteilhaft, weil der äußere Dreieckszügel leicht ansteht und der innere beim Annehmen der Longe zum Nachgeben kommt. Der innere Zügel kann später entsprechend der Zirkellinie etwa zwei bis drei Loch kürzer eingeschnallt werden. Um mehr Biegung und Beizäumung zu erzielen, werden die Dreieckszügel später mit fortschreitender Ausbildung verkürzt. Dann kann der Unterschied zwischen dem inneren und äußeren Dreieckszügel etwa bei drei bis vier Loch liegen. Das richtet sich auch nach der Größe des Pferdes und dem Halsaufsatz. Der äußere Dreieckszügel ist so zu

LANG ODER KURZ?

Normalerweise sollte das jüngere Pferd vom etwas längeren an den etwas kürzeren Dreieckszügel longiert werden, wie auch beim Reiten die Zügel erst allmählich verkürzt werden. Beim älteren Pferd kann dagegen der Dreieckszügel erst etwas kürzer sein und dann verlängert werden. Keinesfalls darf die Stirnlinie dabei hinter die Senkrechte kommen, zumal es sich bei kürzer und länger jeweils nur um zwei bis vier Loch handelt.

verschnallen, dass er ansteht. Er soll die Innenstellung begrenzen und ein Ausweichen des Pferdes über die äußere Schulter verhindern. Von einer weiteren Möglichkeit des Ausbindens hat mein Vater berichtet. An der Westfälischen Reit- und Fahrschule wurden die älteren Schulpferde für jüngere Reiter und Anfänger über Kreuz ausgebunden. D. h., der rechte Ausbindezügel wurde von der Schulter her in den linken Trensenring und der linke Ausbindezügel in den rechten Trensenring eingehakt. Die Ausbindezügel waren so lang wie möglich, die Pferde sollten aber im Genick nachgeben.

Die jungen Reiter konnten ohne besondere Handeinwirkung auf dem hergegebenen Rücken das Sitzen und Einwirken erfühlen und erlernen. Außerdem konnte ohne Umschnallen der Ausbindezügel die Hand gewechselt werden.

Die Longe ist etwa 7 bis 8 m lang und hat am Ende eine Handschlaufe. Es gibt auch Longen von bis zu 10 m Länge. Sie haben den Vorteil, dass man damit das Pferd auch auf einem größeren Zirkel gehen lassen kann. Die Longierpeitsche soll leicht und so lang sein, dass der Longenführer das Pferd mit dem Ende der Schnur erreichen kann. Die Peitsche sollte nicht auf die Erde gelegt, sondern unter den Arm geklemmt werden, wenn sie nicht gebraucht wird.

Longieren mit Sattel und Dreieckszügeln. Die Steigbügel sind gesichert.

ZUSAMMENWIRKEN DER HILFEN

Das Zusammenwirken der Hilfen (Stimme, Peitsche, Longe) ist beim Longieren eines Pferdes von großer Bedeutung. Pferde sind besonders aufnahmebereit, wenn sie immer wieder gleich lautende Unterstützung durch die Stimme erleben. Daher sollte man die in dem Kasten aufgelisteten Anweisungen/Kommandos stets einhalten.
Da diese Worte ebenso beim Abteilungsreiten jeweils als Ende des Kommandos verwendet werden, sind ältere Pferde sehr damit vertraut, und jüngere Pferde gewöhnen sich schnell daran. Beim Zusammenwirken der Hilfen (Stimme, Peitsche, Longe) hat die Stimme eine sehr große Bedeutung. Von meinem Vater habe ich folgende Geschichte gehört:

SIRKA

An der Westfälischen Reit- und Fahrschule gab es ein Pferd namens Sirka, das so „an der Stimme stand", dass es allein in der Longierhalle Schritt, Trab und Galopp ging, wenn es von außen mit der Stimme dazu aufgefordert wurde.
Beim Zusammenwirken der Hilfen erkennt man die Routine, das Gefühl und die Erfahrung des Ausbilders. Das Zusammenwirken der Hilfen ist Voraussetzung für die Qualität und die Effizienz des Longierens.

DIE HILFEN

Hilfen mit der Stimme

— Vom Halten zum Schritt – „MARSCH"
— Vom Schritt zum Antraben – „TEE-RAB"
— Vom Trab zum Galopp „GALOPP – MARSCH" (Stimme/Tonfall nach Notwendigkeit anheben)
— Vom Galopp zum Trab – „TEE-RAB"
— Vom Trab zum Schritt – „SCHEE-RITT"
— Vom Schritt zum Halten – „HAALT"; das Pferd soll auf dem Hufschlag stehen bleiben (Stimme/Tonfall nach Notwendigkeit dehnen und senken)

Hilfen mit der Peitsche

— In Richtung Hinterhufe: geringes Treiben
— In Richtung Kruppe: normales Treiben
— Bewegen von Kruppe zum Kopf: verstärktes Treiben
— „Anschlagen" oberhalb des Sprunggelenkes: nachdrückliches Treiben

Hilfen mit der Longe

— Geringes Durchhängen der Longe: keine stramme Anlehnung
— Weiche Anlehnung/Verbindung: genügende Kontrolle von Gangart und Tempo
— Annehmen: Tempo regulieren und zurückführen
— Nachgeben: ermöglicht anschließendes Annehmen

Zu Beginn ist das Pferd beim Longieren unausgebunden.

LONGIEREN VOR DEM ERSTEN AUFSITZEN UND ANREITEN

Die ersten Longenübungen sollten dort erfolgen, wo das Pferd am wenigsten abgelenkt ist. Wir gehen deshalb nach Möglichkeit in die Reitbahn oder, wenn vorhanden, in die Longierhalle. Steht keine Halle zur Verfügung, suche ich mir auf dem Reitplatz den Bereich aus, in dem wenigstens zwei oder drei Seiten des Zirkels eine natürliche Begrenzung haben. Hilfsweise kann man die offenen Seiten durch den Aufbau von Ständern, Stangen und Trassierband begrenzen.
Zu Beginn benötigen wir die Longierpeitsche noch nicht. Am ersten Longiertag darf das Pferd in der Reitbahn frei laufen, bis der Stallübermut nachgelassen hat. Einige Zeit später legt der Helfer die Longierausrüstung an. Einige Ausbilder lassen korrekterweise, d. h. je nach Temperament des Pferdes, die Dreieckszügel noch weg. Andere Ausbilder dagegen schnallen schon in der Halle die Dreieckszügel innen und außen so lang, dass sie durchhängen, keinen Schaden anrichten können, aber geringfügig durch das Gewicht wirken und das Pferd sich an das Verschnallen gewöhnt. Der Helfer führt das Pferd auf der linken Hand innen am Backenstück der Trense an, während der Longenführer (Ausbilder) an der Innenseite des Pferdes mitgeht. Er hält die Longe in der linken Hand, ohne damit Einfluss zu nehmen. Die rechte Hand bleibt zum beruhigenden Klopfen frei.

Nach einigen Runden lässt der Longenführer die Longe allmählich Stück für Stück durchgleiten und geht langsam zum Mittelpunkt des Zirkels. Dort bleibt er auf seinem Platz, dreht sich mit der Bewegung des Pferdes und beginnt, vorsichtig die Longe anzunehmen und Fühlung mit dem Pferd aufzunehmen. Für den Helfer ist jetzt der Zeitpunkt gekommen, hin und wieder das Backenstück loszulassen, bis das Pferd allein auf der Kreislinie geht. Dies wiederholen wir mehrfach, nach einiger Zeit auch auf der rechten Hand: Führen – Halten – Loben. Dazu halten wir an, gehen zu dem Pferd an die Zirkellinie und klopfen ihm lobend den Hals. Zum Loben gehört auch eine Futterschwinge mit Hafer oder klein geschnittenen Möhren. Das erste Longieren ist nach ca. 30 Minuten beendet.

Junge Reiter neigen aus Ungeduld dazu, am Anfang zu lange mit dem Pferd zu arbeiten. Das ist durchaus verständlich, besteht doch der Wunsch, möglichst bald zu einem Erfolgserlebnis zu kommen. Ein guter Ausbilder sollte darauf bedacht sein, dass seine Schüler in dem Streben nach mehr nicht zu viel machen. Erst dann können sie mit ihrem Pferd richtig glücklich werden und sich über jeden Fortschritt freuen. Für den nächsten Tag ist das ausgeprägte Erinnerungsvermögen aller Pferde an Ruhe und viel Loben von großem Vorteil.

ERFOLGSREZEPT

„Ist dies schon alles für den ersten Longiertag?", wird mancher fragen. Die Antwort ist „Ja", denn: Wer sich am Anfang Zeit lässt, kommt später umso schneller voran.

Lockeres Traben in Dehnungshaltung

WIR MACHEN FORTSCHRITTE

Am nächsten Tag können wir die Longierpeitsche mitnehmen und klemmen sie unter den rechten Arm. Die Übung beginnt wie am Vortag. Danach bemüht sich der Longenführer/Ausbilder, das Pferd an die Peitsche zu gewöhnen, indem er sie vorsichtig in Richtung Hinterhufe des Pferdes hält und das Pferd so mit Longe und Peitsche „einfasst". Der Helfer führt das Pferd am Backenstück, bis kein Fortstürmen mehr zu befürchten ist. Dann trabt er mit dem Pferd an und beruhigt es weiterhin mit der Stimme.

Die sicher anstehende Longe führt das Pferd.

Der Longenführer zeigt mit der Peitsche in Richtung Kruppe des Pferdes. Er ist bereit, später auch einmal mit der Peitschenschnur oberhalb des Sprunggelenkes anzutreiben und dem Pferd ein aufmunterndes „Komm!" zuzurufen. Sonst lässt er das Pferd zwanglos und frisch einige Runden traben, bis das Eilen nachlässt. Das Pferd geht dann von selbst wieder Schritt; andernfalls wartet man noch eine Weile. Geht das Pferd im Trab allein auf der Zirkellinie, ist das Ausbildungsziel des zweiten Longiertages voll erreicht. Die Übungsstunde soll nach ca. 30 Minuten mit Schritt beendet werden. Galopp verlangen wir noch nicht.

Hat das junge Pferd erst gelernt, allein auf dem Zirkel zu gehen, kann der Helfer am folgenden Tag mit nach innen kommen und das Pferd etwa in Sattelhöhe begleiten. Bleibt es stehen, tritt er ruhig heran und führt es wieder an, wobei der Longenführer dies mit dem Zuruf „Komm!" und wenn nötig mit einer leichten Peitschenhilfe unterstützt. Der Helfer kann auch bald ganz wegbleiben, je nachdem, wie sicher das Pferd am Vortag allein auf dem Zirkel getrabt ist. Wir brauchen ihn dann erst wieder zum Handwechsel und Traben auch auf der rechten Hand. Das kann erneut Probleme bereiten, je nach Temperament des Pferdes. Linksherum gehen die meisten Pferde wegen der natürlichen Schiefe lieber (weil der linke Hinterfuß bei dem in der Regel rechts schiefen Pferd nicht in Richtung linker Vorderfuß, sondern mehr zwischen beide Vorderbeine und damit vermehrt unter das Gewicht tritt). Deswegen beginnen wir auch auf der linken Hand.

Beim ersten Handwechsel kann es notwendig werden, mit Unterstützung durch den Helfer die Übungen des ersten Longiertages auf der rechten Hand zu wiederholen.

Man sollte jedes junge Pferd individuell entsprechend seiner jeweiligen Verfassung behandeln. Als Faustregel kann man sich merken, dass frühestens nach drei bis vier und spätestens nach etwa sieben bis acht Tagen die Phase der Gewöhnung an die Longe im Schritt und Trab auf beiden Händen abgeschlossen sein sollte.

Wir setzen nun die eigentliche Arbeit an der Longe fort, um so viel Sicherheit und Gehorsam zu erzielen, dass wir mit dem ersten Aufsitzen und Anreiten beginnen können. Hierbei muss sich der Ausbilder auf sein Gefühl in der Hand und auf sein Auge verlassen, da der unmittelbare körperliche Kontakt zum Pferd noch fehlt. Die Peitschenhilfe

Zufriedener Gesichtsausdruck – nach getaner Arbeit wird der Gurt gelockert.

WENIGER IST MEHR

Mehrere kurze Galoppreprisen fördern den Galoppsprung auf dem Zirkel besser als ein längerer Abschnitt.

dient der Vorbereitung auf Gerte und Schenkel. Die Zügelhilfen werden durch Longe, Kappzaum und Ausbinder vermittelt.

Hauptsächlich wird im Schritt und Arbeitstrab longiert. Galopp an der Longe übt man frühestens nach ca. einer Woche. Um den Galopp zu entwickeln, treibt man das Pferd aus dem ruhigen Trab mit der Peitsche an, gibt – ggf. mehrfach – das Kommando „Galopp – Marsch!" und unterstützt das Anspringen in den Galopp durch Nachgeben mit der Longe. Drei bis vier Runden genügen in dieser Gangart.

Nach dem Galopp lässt man das Pferd im Trab zur Ruhe kommen und erst danach Schritt gehen. Hierbei werden die Dreieckszügel abgenommen, damit sich keine Taktfehler und Schrittverkürzungen einstellen.

Das Ziel des Anlongierens ist erreicht, wenn das junge Pferd mit langem Hals und vorwärts-abwärts gedehnter Nase das Gebiss und die inzwischen etwas kürzer geschnallten Dreieckszügel annimmt, an der Longe steht und sich losgelassen und ruhig auf beiden Händen im Schritt, Trab und Galopp bewegt.

Dass dieses erste Longieren eines jungen Pferdes etwa zwei bis drei Wochen Zeit erfordert, wird man jetzt vielleicht besser verstehen, nachdem wir uns die Anforderungen und den Ausbildungsweg vor Augen geführt haben.

Sollte aber der Ausbilder sobald wie möglich mit dem ersten Aufsitzen beginnen wollen, kann ich noch einmal wiederholen, dass der Ausbilder im günstigsten Falle nach drei bis vier Mal Longieren oder bei etwas unruhigeren Pferden nach sieben bis acht Mal Longieren mit dem Aufsitzen beginnen kann.

FREIES BEWEGEN IN DER REITBAHN

Von meinem Vater habe ich oft gehört, dass an der Westfälischen Reit- und Fahrschule neben dem ersten Longieren und zur Vorbereitung auf das erste Aufsitzen unsere jungen Pferde häufig in der kleinen Bahn frei laufen gelassen wurden – zunächst ohne Ausbindezügel und später ausgebunden. Die kleine Reitbahn eignete sich dazu hervorragend, und Ausbilder und Helfer konnten von der Mitte der Bahn aus den Kontakt zum jungen Pferd mit Stimme und Longierpeitsche noch gut ausüben. Vorhandene Spiegel müssen dabei unbedingt zugehängt sein, um die Verletzungsgefahr zu reduzieren. Vier Kegel in den jeweiligen Ecken helfen dem Pferd, auf dem Hufschlag zu bleiben.
Bei dieser Arbeit macht es viel Freude, die Pferde zu beobachten. Das Ganze ist einfacher als longieren, weil sich die Pferde hierbei weitgehend selbst lösen und durch den Wegfall der Longe weniger Widerstand auftritt. Als Vorbereitung und Ergänzung zur Ausbildung unter dem Reiter kann ich dies für denjenigen, der eine kleine Reithalle bis höchstens 20 × 40 m hat, sehr empfehlen, zumal sich das Pferd frei und ungezwungen bewegen kann.

Beim freien Bewegen kann das junge Pferd überschüssige Energie loswerden.

So gut und wertvoll dieses freie Bewegen in der Reitbahn sein kann, wird es immer wieder Pferde geben, die sich dabei aufregen und unkontrolliert durch die Bahn galoppieren. Entweder führt man diese Pferde einige Runden oder man longiert sie vorher.

ABLAUFEN ZUM LÖSEN

Wir stellen in der Bahn zunächst vier Kegel in den Ecken auf, etwa zwei Meter vom Hufschlag entfernt. Dann führen wir das Pferd mit Gamaschen, Trense und Sattel oder Longiergurt in die Bahn und lassen es sich für eine Weile frei und ungehindert bewegen. Die Dreieckszügel legen wir in die Mitte der Bahn. Die Bügel haben wir aus dem Sattel geschnallt. Die Zügel der Trense sind aufgerollt und mit dem Ende am Kehlriemen befestigt. Vor dem Laufenlassen wurde mehrfach im Schritt der Sattelgurt angezogen, damit beim Freilaufen der Sattel nicht rutschen kann. Bei einem zu plötzlichen und zu strammen Anziehen des Gurtes könnte leicht Sattelzwang entstehen.
Wir beobachten das Pferd, wie es zunächst seinem „Stallübermut" Luft macht, und gönnen ihm die Freude. Wir bleiben in der Mitte stehen und verhalten uns abwartend, verhindern aber – um Verletzungen vorzubeugen –, dass das Pferd plötzlich an der Tür oder in den Ecken anhält. Meistens hat sich das junge Pferd nach fünf bis zehn Minuten ausgetobt und so weit gelöst, dass wir es mit der Stimme beruhigen und wieder einfangen können. Sonst warten wir noch etwas und setzen weiterhin beruhigend die Stimme ein. Nach dem Einfangen klopfen und loben wir das Pferd kurz am Hals und geben ihm klein geschnittene Möhren oder Leckerliwürfel. Das fördert die Anhänglichkeit und erleichtert das Einfangen beim nächsten Mal.

Mit Futter lassen sich die Pferde gut einfangen.

LAUFEN LASSEN MIT DREIECKS- ODER AUSBINDEZÜGELN

Jetzt beginnt der ernstere Teil der Arbeit. Wir binden das Pferd seitlich gleich lang – und zwar so lang wie möglich – aus. Die Dreieckszügel sollen dem Trensengebiss eine ruhige Lage verleihen und das junge Pferd veranlassen, eine vertrauensvolle Anlehnung zu finden, ohne es einzuengen. Sie sollen helfen, dass das junge Pferd den Hals vorwärtsabwärts dehnt und dadurch den Rücken lockert. Sie dürfen weder zu kurz noch zu lang sein, damit eine leichte Anlehnung erreicht wird.
Mit Dreieckszügel ausgebunden lassen wir das Pferd nun erneut frei laufen, und zwar nach Belieben im Trab und Galopp. Nach kurzer Zeit werden wir beobachten, wie das Pferd von sich aus die Anlehnung an die Bande sucht und dank der Unterstützung des in der Bahn befindlichen Ausbilders und Helfers und der vier Kegel ohne Weiteres auf dem Hufschlag bleibt.
Manche Pferde bewegen sich schon nach fünf Minuten willig an der Wand entlang. Andere benötigen etwas mehr Zeit und machen es erforderlich, eine zweite Person aufzustellen. Je mehr Ruhe von Reiter

Zu Beginn der Arbeitsphase wird das Pferd ausgebunden.

und Hilfsperson ausgeht, desto rascher beruhigt sich das Pferd. Bei dieser Gelegenheit kann man den Bewegungsablauf, aber auch Charakter und Intelligenz des Pferdes studieren und sehen, ob es willig ist und schnell begreift. Man prüfe sich aber auch gleichzeitig selbst und bedenke, dass im Reitsport Zeit, Geduld und Ruhe die Grundvoraussetzungen des Erfolges sind.

Ich habe die Erfahrung gemacht, dass jedes Pferd nach Ablauf einer gewissen Zeit die Anlehnung an die Bande sucht. Sobald dies erreicht ist, stellt sich der weitere Ausbildungserfolg von allein ein. Das Pferd arbeitet sich sozusagen selbst. Es geht in der gewünschten Gangart an der Bande entlang und wartet, ob es im Tempo bleiben oder die Tritte und Sprünge verlängern soll. Ob und wann ich galoppieren lasse, richtet sich nach der Kondition und dem Stand der Ausbildung. Bestimmt verlange ich am ersten Tag noch keinen Galopp, wenn das Pferd ihn nicht von selbst anbietet. Ich gebe mich zufrieden, wenn das Pferd im Trab die Anlehnung an die Bande sucht, im gleichmäßigen Tempo bleibt und sich einige Male vorwärtstreiben lässt, um die Tritte zu verlängern. Die Longierpeitsche zeigt dazu in Höhe der Kruppe. Ich begleite evtl. das Pferd ein paar Schritte von der Mitte aus. Nach etwa 20 Minuten für beide Phasen wird die Übung beendet. Die Dreieckszügel werden abgenommen, wir führen das Pferd noch eine Weile im Schritt und belohnen es mit Hafer oder Möhren. Erst dann bringen wir es in den Stall.

DIE AUSBILDUNG
— *mit Reiter*

ERSTES UND ZWEITES AUSBILDUNGSJAHR

ERSTES ANREITEN

Das erste Aufsitzen und Anreiten erfordert besondere Erfahrung und Geschicklichkeit. Selbst das ruhigste Pferd kann erschrecken, wenn plötzlich ein großer Schatten über seinem Rücken auftaucht und kurz darauf eine ungewohnte Last spürbar wird. Sodann muss bedacht werden, dass das junge Pferd erst lernen muss, das Gewicht des Reiters zu tragen, und dazu fast die gesamte Muskulatur beansprucht wird. Es ist sehr zu empfehlen, für das erste Aufsitzen einen leichten und sattelfesten Reiter auszuwählen.
Um das ungewohnte Reitergewicht zu tragen, müssen besonders die Rücken-, Hals- und Bauchmuskeln die Rückenwirbelbrücke des Pferdes unterstützen. Sie sind dazu beim untrainierten Pferd häufig von Natur aus noch nicht stark genug. Steifheiten im Hals und Rücken, Vorwärtsdrängen, Auflegen auf den Zügel, Stolpern und andere Störungen in Gang und Haltung haben u. a. darin ihre Ursache. Aus diesem Grund dürfen wir uns für das erste Anreiten kein großes Ziel setzen. Wir sollten mit der Gewöhnung an das Auf- und Absitzen und an das Reitergewicht zufrieden sein.

Das Wichtigste beim Anreiten – die volle Konzentration aller Beteiligten!

GEWÖHNUNG AN DAS AUF- UND ABSITZEN

Es gibt Ausbilder, die das erste Auf- und Absitzen in der Box üben lassen. Ich halte diese Vorsichtsmaßnahmen in den meisten Fällen für überflüssig und habe sie nur ausnahmsweise angewendet. Zu diesem Zweck wird das Pferd nach dem Longieren auf Trense, aber ungesattelt in die Box geführt, mit dem Kopf zur Futterkrippe. Der ständige Helfer stellt sich links neben das Pferd und fasst mit der linken Hand in die Trensenzügel, die über den Hals des Pferdes gelegt sind. Der Reiter kommt hinzu und streicht mit den Händen über das Pferd, als wolle er es putzen. Sobald das Pferd dies annimmt, ergreift der Helfer mit der rechten Hand den linken Unterschenkel des Reiters direkt unterhalb des Knies und hebt den Reiter vorsichtig an. Der Reiter legt sich zunächst über den Rücken des Pferdes. Bleibt dieses ruhig, nimmt der Reiter sein rechtes Bein über die Kruppe und geht in den Reitsitz über. Er neigt sich aber nach vorn, um das Pferd nicht zu erschrecken. Einige Augenblicke später gleitet der Reiter weich vom Pferderücken wieder herab. Selbstverständlich trägt er immer eine Reitkappe mit Kinnschutz. Diese Übung kann zur Vorsicht mehrmals wiederholt werden, wobei das Pferd jedes Mal nach dem Absitzen eine kleine Belohnung erhält. Danach wird das Pferd gesattelt und zum Anreiten in die Bahn geführt.

Beruhigendes Loben, bevor es ernst wird.

Was passiert wohl jetzt?

Erste Gehübungen

Normalerweise wird das Auf- und Absitzen gleich auf gesatteltem Pferd in der Reitbahn geübt, wenn das junge Pferd durch genügendes, richtiges Anlongieren bzw. freies Bewegen in der Reitbahn darauf vorbereitet wurde. Am Tag des Anreitens wird das junge Pferd zunächst auf beiden Händen und danach noch einmal vermehrt auf der linken Hand longiert, damit es schon etwas müde ist, wenn der Reiter in den Sattel gehoben wird. Zur Sicherheit kann man dem Pferd einen Halsriemen umlegen, in den der Reiter fassen kann, sollte das Pferd ungeregelte Sprünge machen. Das Pferd bleibt in voller Longenausrüstung. Der Helfer hält die Longe. Ein zweiter Helfer hebt den Reiter gefühlvoll am linken Unterschenkel an, sodass sich dieser zunächst im Stand über den Sattel legen kann. Der Reiter verharrt ruhig in dieser Stellung, der Helfer lobt das Pferd. Nach kurzer Zeit lässt der Reiter sich langsam heruntergleiten. Diese Übung wird einige Male wiederholt, sodass sich das Pferd erstmalig an das Reitergewicht im Rücken gewöhnen kann. Als Nächstes hebt der Reiter dann vorsichtig sein rechtes Bein über den Pferderücken und setzt sich in den Sattel. Der Oberkörper ist leicht vorgebeugt, die Hände befinden sich am Halsriemen. Meiner Erfahrung nach entstehen am wenigsten Schwierigkeiten, wenn das Pferd gleich angeführt wird, sobald der Reiter im Sattel sitzt. Der Pfleger versucht, das Pferd auf die ihm vertraute Zirkellinie zu führen. Falls sich das Pferd verkrampfen sollte, hält der Pfleger das Pferd an, lobt es und führt es erneut an. Dies wird ggf. einige Male wiederholt.

Im Schritt mit Führperson an der Longe

Für die meisten Pferde ist die Gewöhnung an das Reitergewicht im Schritt am ersten Tag völlig ausreichend.

Nach der gleichen Vorbereitung am zweiten Tag kann dann auch an der Longe getrabt werden. Bei diesen kurzen Reprisen wird das Pferd noch vom Pfleger geführt. Der Reiter folgt geschmeidig, jedoch passiv den Bewegungen des Pferdes und trabt leicht. Je nach Gefühl beendet der Reiter die Übung oder lässt noch einmal kurz anführen und antraben. Das richtet sich nach der jeweiligen Situation, die von Pferd zu Pferd verschieden ist. Ideal ist es, wenn das Pferd sich so weit beruhigt hat, dass der Reiter noch ein bis zwei Mal das Auf- und Absitzen wiederholen kann.

Man kann das erste Aufsitzen auch durch ein ruhiges Führpferd erleichtern. Nur muss dieses schon während des Ablongierens in der Reitbahn sein, weil sonst durch das Hereinkommen eines neuen Pferdes Unruhe geschaffen und das junge Pferd abgelenkt werden kann. Wird das Führpferd, das dem jungen Pferd als Gesellschaft vertraut sein sollte, hingegen schon einige Zeit in der Reitbahn geritten, kann es wertvolle Hilfsdienste leisten.

Der Reiter mit dem Führpferd stellt sich etwa eine Pferdelänge vor dem jungen Pferd auf und reitet im Schritt an, sobald der Reiter in den Sattel des jungen Pferdes gehoben worden ist. Das geschieht am besten auf dem Hufschlag der linken Hand.

Um ein Ausbrechen nach außen zu verhindern, gehen wir in diesem Falle nicht auf den Zirkel, sondern folgen auf dem Hufschlag dem Führpferd. Der Longenführer begleitet das junge Pferd von innen, um notfalls sofort eingreifen zu können. Nach einigen Schrittreprisen kann kurz angetrabt werden. Der weitere Verlauf entspricht dem Anreiten ohne Führpferd. Die Übung wird nach Möglichkeit mit ein- bis zweimaligem Wiederholen des Auf- und Absitzens und Antrabens beendet.

DIE MUSKELBILDUNG

Rückenmuskeln stärken wir nicht etwa dadurch, dass wir möglichst viel und lange reiten. Muskeln entwickeln sich nur durch systematisches Aufbautraining. Durch Überforderung und Überanstrengung verkrampfen sie sich und es besteht die Gefahr einer ernsthaften Schädigung. Deshalb sollten wir das Training individuell auf die Entwicklung des Pferdes abstimmen.

Schon etwas mutiger: der erste Trab an der Longe

GEWÖHNUNG AN DAS REITERGEWICHT

In den nächsten Tagen muss sich der Reiter immer wieder vor Augen halten, dass sich das Pferd erst daran gewöhnen muss, ihn zu tragen. Er ist deshalb gut beraten, wenn er sich mindestens ein bis zwei Wochen Zeit lässt, bevor er ein neues Ausbildungsziel angeht. In der ersten Woche sollte das Pferd vor jedem Reiten ca. 10 bis 15 Minuten longiert werden. Wir reiten unser junges Pferd auch nicht jeden Tag. Wir longieren es vielmehr oder lassen es frei laufen und nutzen diese Zwischentage zur ersten Gewöhnung an die Cavaletti-Arbeit an der Longe.

Freies Traben in der Reitbahn

Imposante Bergaufgaloppade

Die Zwischentage mit der Ausgleichsgymnastik legen wir ein, um die Muskelbildung zum Tragen des Reitergewichtes zu erleichtern. Anfängliche Verkrampfungen von Rücken-, Hals- und Bauchmuskeln des Pferdes sind ganz normal. Die Spannung verliert sich erst nach und nach mit zunehmender Stärkung der Muskeln. Der Belastung durch das Reitergewicht lassen wir bei unserem jungen Pferd deshalb zum Ausgleich Lockerungsübungen folgen.

Das sind zum Beispiel Pausen, in denen wir mehrmals auf- und absitzen, Longieren und freies Bewegen in der Bahn, Aufheben der Beine, Führen des Pferdes an der Hand über Bodenricks oder über bunte Stangen. Junge Pferde haben noch keine ausgeprägte Sattellage. Wir müssen daher der Lage des Sattels besondere Aufmerksamkeit widmen und diese in den Pausen ggf. korrigieren. Die Sattellage entwickelt sich erst im Laufe der Zeit. Das kann unter Umständen Monate dauern, je nach Beschaffenheit von Widerrist und Schulter des Pferdes. Die Zucht hat in den letzten 20 bis 25 Jahren die Schulter, den Widerrist und damit die Sattellage deutlich verbessert, sodass ein Vorgurt nur noch äußerst selten nötig ist.

Grundsätzlich wird in den ersten Wochen, sogar über die Phase des Anreitens hinaus, leichtgetrabt. Im Galopp nimmt der Reiter den leichten Sitz ein. Die Hände stehen tief rechts und links am Pferdehals

und nehmen mit den Zügeln nur leichte Verbindung zum Pferdemaul auf. Beunruhigt sich das Pferd oder verändert es plötzlich das Tempo, werden die Knie fest geschlossen. Der Reiter fasst mit einer Hand in den Halsriemen und hält sich nicht etwa am Zügel fest. Wird das junge Pferd einmal unruhig und schneller, so sollte der erfahrene Reiter es mit beruhigender Stimme wieder zu einem normalen, ruhigeren Tempo zurückführen.
Sollte es einmal passieren, dass das junge Pferd bockt und den Reiter abwirft, darf der Reiter nicht lange zögern und muss sofort wieder aufsitzen, denn sonst riskiert er, dass das junge Pferd erneut eine günstige Gelegenheit ausnutzt, um sich von der ungewohnten Last im Rücken durch einen Bocksprung zu befreien.
Das ganze Verhalten des Reiters ist während des Anreitens eines jungen Pferdes darauf ausgerichtet, sich geschmeidig den Bewegungen des Pferdes anzupassen. Der Reiter ergreift mit seinen Hilfen noch nicht die Initiative, zumal dem Pferd die Hilfen unbekannt sind. Er wartet ab und reguliert das Tempo vermehrt mit Stimme und wenn nötig mit einer kurzen Gerte. Die Gerte wird an der Schulter angelegt. Sporen bleiben in der Sattelkammer. Sie würden nur stören.
Wir begnügen uns mit Trab und Schritt auf beiden Händen, wobei es von Vorteil ist, wenn wir uns durch ein ruhiges Führpferd sozusagen mitziehen lassen, zumindest in den ersten 10 bis 15 Minuten nach dem Aufsitzen. Wir bleiben auf geraden Linien oder folgen dem Führpferd auf einem großen Zirkel. Länger als ca. 20 Minuten reiten wir das junge Pferd in der ersten Woche nicht. Es wird vorher meistens longiert. In der zweiten Woche steigern wir das Arbeitspensum schon auf ca. 30 Minuten, wobei wir zwischen den Handwechseln zwei bis drei kurze Schrittpausen einlegen. Das Ziel des Anreitens ist erreicht, wenn wir spüren, dass uns das Pferd im Schritt und Trab willig trägt.

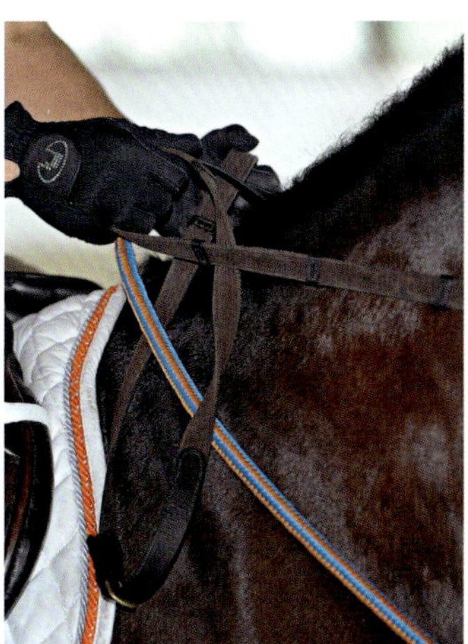
01

02

01 Halsring zur Sicherheit

02 Noch besser ist der Halsring im Vorderzeug integriert, weil er dann nicht nach vorne rutschen kann.

AUFBAU DER GRUNDAUSBILDUNG

Für die Grundausbildung nach dem ersten Anreiten gibt es Erfahrungswerte, gegen die der Reiter nicht verstoßen darf, wenn er körperliche oder nervliche Schäden des jungen Pferdes verhindern will. In den Lehrplänen und Richtlinien wird in diesem Zusammenhang auf die Skala der Ausbildung verwiesen, die sich aus den Begriffen

— Takt,
— Losgelassenheit,
— Anlehnung,
— Schwung,
— Geraderichten und
— Versammlung

Schönes Traben – frei, ungezwungen und im Gleichgewicht

zusammensetzt. Zu allen Begriffen gehört von Anfang an auch die beginnende Durchlässigkeit, schon beim ersten Anreiten (beispielsweise Antraben, Durchparieren ...).
Früher war der Begriff der Durchlässigkeit in der Skala der Ausbildung nicht erwähnt, obwohl ihn die Heeres-Dienstvorschrift (H. Dv. 12) der deutschen Kavallerie ebenso wie die namhaften Reitlehren eingehend behandeln. Der Begriff sagt schon, dass man darunter die Bereitschaft des Pferdes versteht, alle Hilfen des Reiters anzunehmen (durchzulassen). Das Pferd soll ohne Zögern auf die treibenden Hilfen (Gewicht und Schenkel) reagieren, insbesondere mit den Hinterbeinen aktiv abfußen, Schub- und später Tragkraft entwickeln. Es soll aber auch die Zügelhilfen annehmen, so von der Hand durchs Maul über Genick, Oberhals und Rücken bis zur Hinterhand durchlassen, d. h. die halben und ganzen Paraden mit Gewicht, Schenkel- und Zügelhilfen annehmen. Die Verbesserung der Durchlässigkeit muss bei jedem Ausbildungsschritt beachtet werden.
Die Skala (Grundsätze) der Ausbildung soll uns den richtigen Weg zur Entwicklung der natürlichen Anlagen des Pferdes zeigen.
Wenn es darauf ankommt, in kritischen Situationen z. B. ein Zögern oder eine Widersetzlichkeit des Pferdes durch konsequente Einwirkung zu verhindern, brauche ich schon einen bestimmten Gehorsam. Dieser kann nur erzielt werden, wenn man das Pferd durch Reiterhilfen entsprechend seinem Ausbildungsstand durchlässig macht. Das ist und bleibt in diesem Zusammenhang der entscheidende Punkt. Auf den folgenden Seiten möchte ich die Grundbegriffe und den Aufbau der Grundausbildung kurz im Zusammenhang darstellen, bevor wir uns einzelnen Ausbildungszielen näher widmen.

EINFLUSS STATT ANPASSUNG

Durch halbe Paraden wollen wir bei lebendig abfußendem Hinterbein und lockerem Rücken Einfluss auf die Haltung und die Bewegung des Pferdes gewinnen und nicht damit zufrieden sein, uns dem Pferd lediglich anzupassen.

TAKT

Was bedeutet dieser Begriff? Die Natur hat dem Pferd drei Gangarten mitgegeben: den Schritt, den Trab und den Galopp. Jede dieser Gangarten ist durch eine bestimmte Fußfolge gekennzeichnet: der Schritt durch den Viertakt, der Trab durch den Zweitakt und der Galopp durch den Dreitakt. Die Beibehaltung dieses natürlichen Bewegungsablaufs, das Gleichmaß aller Schritte, Tritte und Sprünge oder, anders ausgedrückt, den gleichmäßigen Ablauf und Rhythmus der Bewegungen bezeichnen wir als Takt.
Ihn zu erhalten ist eine wichtige Aufgabe des Reiters auf dem jungen Pferd. Dazu muss der Reiter durch weiches Eingehen in die Bewegung dem Pferd helfen, sein natürliches Gleichgewicht zu finden. Er darf das Pferd in dessen Bewegungsablauf nicht stören. Man sagt auch, der Reiter müsse sein Pferd zunächst ins Gleichgewicht bringen.
Das Pferd muss lernen, das Reitergewicht zu tragen und sich so auszubalancieren, dass es sich weiter frei und ungezwungen bewegen kann. Wenn das erreicht ist, sagt man, dass sich das Pferd im natürlichen Gleichgewicht bewegt. Es geht im Takt.

DIE ZUSAMMENHÄNGE IN DER SYSTEMATIK DER AUSBILDUNG

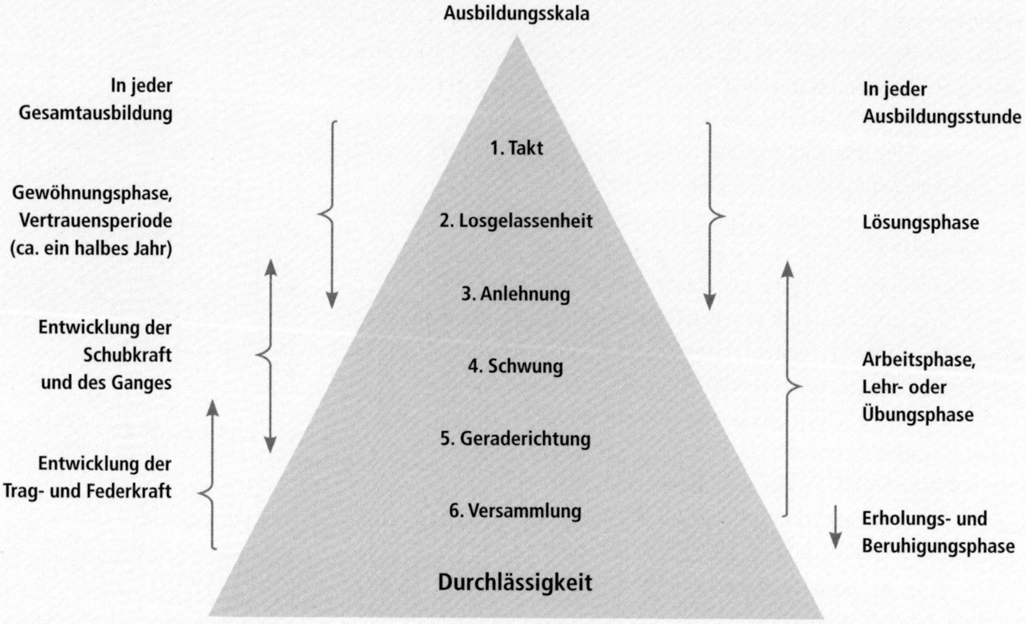

Durchlässigkeit und Gleichgewicht nehmen mit fortschreitender Ausbildung zu.

LOSGELASSENHEIT

Darunter verstehen wir das zwanglose Mitschwingen besonders des Rückens als Bewegungszentrum und das unverkrampfte An- und Abspannen der gesamten übrigen Muskulatur (z. B. am Hals, am Rücken, an den Rippenpartien und an der Hinterhand).
Neben der äußeren Losgelassenheit sind die innere Losgelassenheit und Zufriedenheit wichtig. Unter den inneren Eigenschaften eines Pferdes versteht man Temperament, Charakter, Umgänglichkeit, Empfindlichkeit sowie Leistungsbereitschaft und -vermögen, d. h., die Bereitschaft und Fähigkeit des Pferdes, den Hilfen des Reiters dem Alter und Ausbildungsstand entsprechend ohne Spannung und Verkrampfung willig zu folgen. Wir müssen dem jungen Pferd zunächst helfen, mit der ungewohnten Reiterlast im Rücken fertig zu werden. Es muss die Fähigkeit erlangen, sich mit dem Reiter im Sattel ebenso frei und ungezwungen zu bewegen wie vorher ohne Reiter und dabei zufrieden zu sein.

ANLEHNUNG

Auch zur späteren Entwicklung der Schubkraft aus der Hinterhand und zur Verbesserung der Durchlässigkeit ist eine sichere Anlehnung an das Gebiss erforderlich. Schwungvolle Bewegungen unter dem Reiter können nur erreicht werden, wenn eine sichere, weiche Verbindung zwischen Reiterhand und Pferdemaul hergestellt ist. Man kann spektakuläre Bewegungen durchaus auch beobachten, wenn Pferde frei laufen. Sicher ist aber, dass eine Verbesserung dieses natürlichen Schwunges nur erzielt werden kann, wenn eine weich federnde, stetige, gefühlvolle Anlehnung vorhanden ist. Das Pferd soll an das Gebiss herantreten und dadurch eine dem jeweiligen Gangmaß und Ausbildungsstand entsprechende Haltung einnehmen. In dieser Haltung kann es seine Kräfte am besten entfalten, was ebenfalls zu den Zielen der Anlehnung gehört.

SCHWUNG UND GERADERICHTEN

Mit der richtigen Anlehnung verbessern sich Takt, Losgelassenheit, Durchlässigkeit und Schwung. Ein Pferd wirkt unter dem Reiter erst bedeutend und schön, wenn der Bewegungsablauf erkennen lässt, dass die Hinterbeine energisch abfußen. Die dadurch im Trab und Galopp entwickelte Schubkraft wird über den schwingenden Pferderücken nach vorne weitergeleitet. Wir bezeichnen dies im Aufbau der Grundausbildung als Schwung.

„Reite dein Pferd vorwärts und richte es gerade!", so lautet ein wichtiges Ausbildungsziel, auf das Gustav Steinbrecht in seinem „Gymnasium des Pferdes" bereits vor vielen Jahren hingewiesen hat. „Mache dein Pferd auf beiden Seiten geschmeidig, reite es vorwärts und richte es gerade!", lautete die Formulierung von Major a. D. Paul Stecken, dem langjährigen Leiter der Westfälischen Reit- und Fahrschule.

Beim Tritte verlängern tritt das Pferd gut an das Gebiss heran.

Sichere Anlehnung in guter Selbsthaltung

Fast alle jungen Pferde haben mehr oder weniger Schwierigkeiten, geradeaus zu gehen. Man spricht in diesem Zusammenhang von der natürlichen Schiefe des Pferdes. So wie die meisten Menschen von Natur aus Rechtshänder sind, sind die meisten Pferde von hinten rechts nach vorne links schief, d.h., der rechte Hinterfuß tritt nicht in die Spur des rechten Vorderhufes, sondern rechts daneben. Wilhelm Müseler z.B. vertrat in seinem Standardwerk „Reitlehre" die These, dass dies durch die Lage des Embryos im Mutterleib begründet sei. Es kommt bei der Grundausbildung also darauf an, die natürliche Schiefe durch gleichmäßige Durchbildung und Geschmeidigkeit der Rippenpartien des Pferdes auf beiden Seiten so auszugleichen, dass beide Hinterbeine auf der gleichen Linie fußen wie die gleichseitigen Vorderbeine. Dabei werden die Vorderbeine auf die Spur der Hinterbeine ausgerichtet. Das gilt sowohl für gerade Linien als auch für gebogene Linien wie Zirkel, Schlangenlinien oder Volten. Das wiederholte Vorwärtsreiten, z.B. an den langen Seiten im Trab oder Galopp, ist von großer Bedeutung. Die gleichmäßige Belastung aller Beine in bestimmten Lektionen ist für die Erhaltung der Gesundheit und die Qualität bestimmter Lektionen unerlässlich. Ein Pferd ist also gerade gerichtet, wenn die Hinterbeine auf der geraden und gebogenen Linie der Spur der Vorderbeine folgen, also auf ein und demselben Hufschlag gehen.

Die Hinterbeine folgen der Spur der Vorderbeine. Dann ist das Pferd geradegerichtet.

Die Schubkraft wird über den schwingenden Rücken weitergeleitet.

VERSAMMLUNG

Nach etwa einem Jahr Grundausbildung beginnt die Versammlung. Das ist die verstärkte Lastaufnahme des eigenen und des Reitergewichtes durch die Hinterhand infolge vermehrter Winkelung zwischen Hüfte, Sitzbeinhöcker und Kniegelenk (Hankenbeugung). Dadurch hat das Pferd die Möglichkeit, seine Kräfte voll zu entfalten. Es leuchtet ein: Je mehr Last die Hinterbeine aufnehmen können, desto freier wird die Schulter, desto leichter kann das Pferd seinen Schwerpunkt auf die Hinterhand verlegen. Dies gilt nicht etwa nur für die Dressur, sondern gleichermaßen auch für das Springen und das Reiten im Gelände, z. B. in Wendungen, beim Aufnehmen vor Hindernissen und u. a. vor Wasserhindernissen. Dasselbe gilt auch für das Parcoursspringen. Bestimmte Dressurlektionen können nur aus oder in der Versammlung geritten werden (z. B. Trab- und Galoppverstärkungen oder Volten im Galopp), durch die Versammlung wird aber auch die Vorhand entlastet.

Zu dem Begriff Versammlung gehört der Begriff Aufrichtung, was insgesamt auch die verbesserte Durchlässigkeit erklärt. Aufrichtung soll sich aus der gesenkten Hinterhand ergeben. Dann spricht man von relativer Aufrichtung. Falsch wäre die absolute Aufrichtung, die nur vor dem Reiter erfolgt und ggf. mit der Hand erzwungen wird, ohne hergegebenen Rücken und mit wenig durchspringender oder untertretender Hinterhand.

DURCHLÄSSIGKEIT

Je mehr Einfluss der Reiter auf die Bewegungen des Pferdes gewinnen will, desto mehr muss er sich damit beschäftigen, das Eingehen des Pferdes auf die vorwärts, vorwärts-seitwärts und seitwärts treibenden sowie die verhaltenden Reiterhilfen zu üben. Den Gehorsam darauf bezeichnen wir als Durchlässigkeit. Alle Punkte der Ausbildungsskala sind mit Durchlässigkeit eng verbunden und stehen damit im Zusammenhang, was auch in den „Richtlinien Band 1" der FN deutlich zum Ausdruck kommt. Eine gefühlvolle Abstimmung der Hilfen ist für das Erarbeiten der Durchlässigkeit sehr wichtig.

— Mit zunehmender Durchlässigkeit ist es schon einem jüngeren Pferd möglich, bei Übergängen und leichten Lektionen sicher im Takt zu gehen.

— Mangelnde Losgelassenheit wird dazu führen, dass energisches Abfußen aus der Hinterhand nicht durch das ganze Pferd nach vorne durchschwingt. Annehmende Zügelhilfen können durch Verspannung im Genick, Hals oder Rücken die Hinterhand des Pferdes nicht erreichen.

— Probleme mit der Anlehnung, Unsicherheiten oder Festigkeiten in der Verbindung zwischen Reiterhand und Pferdemaul (also im Genick) behindern deutlich die Durchlässigkeit.

Zur Überprüfung der sicheren Anlehnung muss man jederzeit mit der inneren Hand überstreichen können.

— Ein Pferd kann bei losgelassenem Rücken mit den Hinterbeinen energisch abfußen, auf treibende und verhaltende Hilfen durchlässig reagieren, um im Trab und Galopp in gutem Schwung vorwärtszugehen.
— Ein durchlässiges Pferd kann auf halbe Paraden reagieren und durch vorwärtstreibende Hilfen gleichzeitig mit zunehmendem Geraderichten an die Hand des Reiters herantreten, ohne mit der Hinterhand seitlich auszuweichen. Beim Zurückführen der Trab- und Galoppverstärkungen kann dies deutlich zum Ausdruck kommen.
— Die Durchlässigkeit eines Pferdes ist Voraussetzung für gute Übergänge, z. B. Schritt – Galopp und Galopp – Schritt. Auch die Lektionen Trab – Halten – Rückwärtsrichten und anschließend Vorwärtsreiten sind nur mit ausreichender Durchlässigkeit zu reiten, um Versammlung und die daraus resultierende relative Aufrichtung zu erreichen und zu verbessern.

Die Durchlässigkeit, die durch richtige Ausbildung erreicht wird, erleichtert dem Pferd den Gehorsam, macht es lektionensicher und insgesamt angenehmer für den Reiter. Unstimmigkeiten mit dem Reiter werden vermieden. Auch das Pferd wird als Partner des Reiters zufrieden kauend und mit ruhiger Schweifhaltung das tägliche Reiten im inneren Gleichgewicht mitmachen – Harmonie zwischen Reiter und Pferd!

Noch wertvoller ist das Überstreichen mit beiden Händen zur Überprüfung der Selbsthaltung.

Das erste Schrittreiten sollte mit hingegebenem Zügel geritten werden. Das ist bei jungen Pferden nicht immer von Beginn an möglich.

AUFBAU EINER REITSTUNDE

Die Grundausbildung zeigt uns den richtigen Weg zur Entwicklung der natürlichen Anlagen des Pferdes. Es wäre jedoch falsch zu glauben, man könne ein ca. 4-jähriges Pferd ausbilden, indem man in der einen Übungsstunde die Losgelassenheit, in der nächsten Stunde den Takt, in einer weiteren Stunde die Anlehnung usw. übt. So einfach geht es nicht. Die einzelnen Ausbildungsziele bauen zwar aufeinander auf, als Ausbilder sollte man sie aber in das Gesamtsystem der Ausbildung einordnen, d. h., ich muss sie im Zusammenhang mit Dressurreiten, mit Springen und mit Reiten im Gelände verfolgen. Erst dann ist die Ausbildung umfassend und grundlegend für die spätere volle Entwicklung der Leistungsfähigkeit des mir anvertrauten Pferdes.

Wir machen uns beim Einüben neuer Lektionen selbstverständlich die Eigenschaft des Pferdes zunutze, dass es gern Gewohnheiten annimmt. Wir müssen uns aber davor hüten, längere Zeit hintereinander die gleiche Lektion zu reiten; denn Eintönigkeit stumpft ab. Der Aufbau einer Reitstunde soll abwechslungsreich und vielseitig sein. Je nach Witterungs- und Platzverhältnissen kann es dazu angebracht sein, den Umgebungswechsel mit einzubeziehen. Ich löse z. B. meine Pferde gerne in der Bahn über Cavaletti und gehe dann – zum Glück habe ich die Möglichkeit – ins Gelände. Oder aber ich reite erst ins Gelände und absolviere nach der Rückkehr in der Bahn noch einige Dressurlektionen.

Auf der gebogenen Linie fühlt die innere Hand vor und die Wade liegt an.

Oder ich löse mein Pferd auf der Galoppierbahn, im leichten Sitz im Galopp, nutze dazu die langen Linien und gehe danach auf das Dressurviereck. Die Arbeit muss Reiter und Pferd Freude bereiten. Dann wird der Erfolg nicht ausbleiben, da sich alle Pferde wegen ihres ausgeprägten Erinnerungsvermögens an gute Erfahrungen erinnern. Jede Ausbildungsstunde besteht aus drei Teilen: Lösen, Arbeiten, Schrittreiten. Für das junge Pferd bedeutet es: erstes Lösen, Arbeiten und dabei weiteres Lösen, Schrittreiten. Lösen im Schritt, Trab und Galopp, um die Hauptspannung zu beheben, ist wichtig, damit der Reiter zum Treiben kommt. Das Lösen dauert bei einem älteren Pferd (ab fünf Jahre), das schon versammelt werden kann, etwa 15 bis 20 Minuten.
Das Ziel des täglichen Reitens eines jüngeren Pferdes (ca. 4-jährig) ist das voll gelöste Pferd. Das Lösen des 4-jährigen Pferdes erfolgt im ersten Halbjahr durch leichtere Lektionen und Übungen.
Das zweite Halbjahr baut darauf auf, und es folgen schwierigere lösende Lektionen. So werden Takt, Losgelassenheit, Anlehnung und besonders die Durchlässigkeit bei fortschreitender Ausbildung deutlich verbessert. Die nachstehende Aufstellung enthält als Anhaltspunkte leichtere und schwierigere lösende Lektionen bzw. Übungen, wobei die Lektionen und Übungen des ersten und zweiten Halbjahres bei unseren Ausführungen von Bedeutung sind. Die Lektionen des dritten und vierten Halbjahres sollten als versammelnde Lektionen erst im zweiten Ausbildungsjahr (also ca. 5- bis 6-jährig) geritten werden.

Manche Pferde lösen sich besonders gut im Galopp.

LÖSENDE ÜBUNGEN IM ERSTEN AUSBILDUNGSJAHR

Nachfolgende leichte, lösende Lektionen und Übungen sind für 3- bis 4-jährige Pferde etwa in den ersten fünf bis sechs Monaten des ersten Ausbildungsjahres gut geeignet:

1. Etwa zehn Minuten Schritt, in der Regel mit hingegebenem Zügel. Bei Pferden mit Schrittproblemen, leichtem Unterhals oder Genickschwierigkeiten am langen Zügel mit Genickkontrolle. Bei jüngsten, gerade angerittenen Pferden aus Sicherheitsgründen nur mit Verbindung zum Pferdemaul – ohne Genickkontrolle
2. Leichttraben auf dem Zirkel
3. Häufiger Handwechsel im Trab – aus dem Zirkel wechseln – halbe und ganze Bahn
4. Häufiger Wechsel zwischen Trab und Schritt
5. Wechsel zwischen Trab und Galopp auf dem Zirkel (jeweils ca. 1 bis 2 Runden)
6. Tritte und Sprünge verlängern (eine lange Seite) – Tempo zurückführen
7. Zügel im Leichttraben aus der Hand kauen lassen
8. Schlangenlinien an der langen Seite (ein Bogen)
9. Schlangenlinien durch die Bahn (drei Bögen) im Leichttraben (rund ausgeritten)
10. Den äußeren Schenkel weichen lassen (Kopf zur Bande)
11. Vorhandwendungen

Alle Lektionen/Übungen sollten am längstmöglichen Zügel (mit Genickkontrolle) auch zur Verbesserung der Durchlässigkeit geritten werden.

Gebogene Linien sind wertvoll für die Verbesserung der Stellung und Biegung.

Ausdrucksvolles Sprünge verlängern an der langen Seite

Nach etwa einem halben Jahr Ausbildung können bereits schwierigere lösende Übungen und Lektionen mit gesteigerten Anforderungen geritten werden:

1. Häufiger Wechsel zwischen Trab und Galopp auf dem Zirkel (jeweils ca. eine halbe bis eine Runde)
2. In den Zirkel hineinreiten (auf einem Hufschlag) – schenkelweichenartig wieder herausreiten
3. Übertreten lassen auf der offenen Zirkelseite
4. Schlangenlinien an der langen Seite (zwei Bögen)
5. Den inneren Schenkel weichen lassen (Kopf in die Bahn),
6. Viereck verkleinern und vergrößern
7. An der langen Seite Tritte und Sprünge verlängern – an der kurzen Seite Tempo wieder zurückführen
8. Zügel-aus-der-Hand-kauen-lassen im Halten, Schritt, Trab und Galopp
9. Mittelschritt reiten (am langen Zügel, Genickkontrolle)

Zügel-aus-der-Hand-kauen-lassen im Trab

Alle Lektionen/Übungen werden teilweise erst im Schritt, dann im Trab bzw. Galopp geritten. Lockerung des Rückens und Geschmeidigmachen der Rippenpartien sollen verbessert werden. Auswahl, Reihenfolge und Anzahl der Lektionen/Übungen erfordern vom Ausbilder/Reiter Routine und Erfahrung und sind von Pferd zu Pferd verschieden.

Versammelter Galopp in schöner Selbsthaltung

VERSAMMELNDE LEKTIONEN IM ZWEITEN AUSBILDUNGSJAHR

Nach dem ersten Ausbildungsjahr kann mit der versammelnden Arbeit begonnen werden. Folgende zunächst leichtere Übungen sind in den ersten Monaten für das junge Pferd gut geeignet:

1. Volten im Trab (zuerst etwas größer, danach ca. 8 m im Durchmesser)
2. Paraden vom Trab zum Halten und umgekehrt
3. Hinterhandwendungen – Kurzkehrtwendungen
4. Rückwärtsrichten
5. Mitteltrab – und Tempo wieder zurückführen
6. Angaloppieren aus dem Schritt
7. Volten im Galopp (zuerst etwas größer, danach ca. 8 m Durchmesser)
8. Galoppverstärkungen und Tempo wieder zurückführen

Zum Ende der Grundausbildung des 5- bis 6-jährigen Pferdes empfehle ich die folgenden in den Anforderungen erschwerten, versammelnden Lektionen:

1. Kurzkehrtwendungen aus dem Trab in den Trab
2. Schultervor an der langen Seite bis Schulterherein
3. Lange Seite Mitteltrab – kurze Seite versammelter Trab
4. Paraden vom Galopp zum Schritt und umgekehrt
5. Einfacher Galoppwechsel über vier bis fünf Schritte (aus dem Zirkel wechseln oder Mitte der langen Seite oder durch die halbe und ganze Bahn wechseln)
6. Außengalopp
7. Lange Seite Mittelgalopp – kurze Seite versammelter Galopp
8. Reiten der Lektionen/Übungen auf Kandare – mit ca. 5½ Jahren (mal etwas eher, mal etwas später)

Die Reihenfolge der Lektionen/Übungen ist nicht bindend, sondern von Pferd zu Pferd unterschiedlich. Entscheidend ist, dass der Ausbilder/Reiter weiß, welche Lektionen/Übungen für dieses Pferd, in welcher Reihenfolge, in welcher Anzahl und ggf. auch auf welcher Hand geeignet sind, um nach und nach die Durchlässigkeit und insgesamt Losgelassenheit, Takt, Anlehnung, Schwung, Geraderichten und bei ca. 5-jährigen Pferden die Versammlung zu verbessern. Vermehrte Gewichtsaufnahme durch die Hinterhand soll erreicht werden.

Zu beachten sind immer der losgelassene und korrekte Sitz des Reiters und der lockere Rücken des Pferdes. Bei nachgebendem Genick sind die Anlehnung, mit der Stirnlinie an oder geringfügig vor der Senkrechten, und tätiges Abfußen der Hinterbeine für die Qualität der weiteren Ausbildung von größter Bedeutung. Nach mehreren versammelnden Lektionen ist Vorwärtsreiten im Trab und Galopp zur Aktivierung der Hinterhand erforderlich.

PRAKTISCHE DURCHFÜHRUNG

Zu Beginn jeder Reitstunde steht zwingend die Überschrift: Lösen der Pferde. Denn nur ein losgelassenes Pferd ist in der Lage, sich frei und ungezwungen zu bewegen und die Hilfen des Reiters anzunehmen. Bei jungen Pferden dauert es naturgemäß länger, bis sie losgelassen vorwärtsgehen. Wir wissen, dass sich die Muskulatur des jungen Pferdes, wie beim Menschen auch, erst über einen längeren Zeitraum aufbauen muss. Deshalb nehmen in den ersten Wochen nach dem Anreiten die lösenden Übungen den größten Teil der Reitstunde ein. Wie gehen wir vor? Im Schritt wird der Zügel zunächst hingegeben. Der Reiter sitzt ruhig und wartet ab, bis das Pferd ohne Eile schreitet.

Zu Beginn jeder Stunde: Schritt mit hingegebenem Zügel

Ein oder zwei Cavaletti sind willkommene Hilfsmittel, um das Pferd zu veranlassen, den Hals nach vorwärts-abwärts zu dehnen und sich im Rücken loszulassen. Der Schweif, der am Anfang manchmal etwas eingeklemmt ist, wird langsam freier getragen und zeigt an, dass sich die Muskulatur des Pferdes – besonders im Rücken – entspannt. Wenn das Pferd frisch aus dem Stall kommt und vorher nicht ablongiert wurde, kann die volle Losgelassenheit des Pferdes anfangs im Schritt häufig nicht erreicht werden. Das hängt auch von Temperament und Gehfreude des Pferdes ab. Man sollte dann ruhig antraben, um erst einmal den Vorwärtsdrang des Pferdes zu mindern und etwas zum Treiben zu kommen. Es wird dabei leichtgetrabt. Mit Pferden, die die Zügelhilfen schon genügend kennen und etwas eilig sind, bevorzugen wir den Zirkel, um sie zu beruhigen. Der Reiter geht weich in die Bewegung des Pferdes ein, beruhigt es, soweit nötig, mit der Stimme und richtet sein Augenmerk nur darauf, dass das Pferd im gleichmäßigen Tempo der Bewegung, also im Takt, bleibt.

ZIRKEL ODER GERADE?
Gehfreudige und heftige Pferde können schon sehr früh auf dem Zirkel geritten werden, um sie dadurch zu beruhigen. Faule Pferde reitet man besser auf langen Linien oder im Gelände, um durch frisches Vorwärtsreiten die Gehlust anzuregen.

Die Phase des ersten Lösens dauert bei jungen Pferden mindestens 15 bis 20 Minuten. Die Lösungsphase wird mit fortschreitender Ausbildung kürzer, sodass wir uns schneller dem Arbeitsteil der Reitstunde, dem weiteren Lösen, zuwenden können. Niemals aber fällt das Lösen ganz weg. Das Ziel des täglichen Reitens eines jungen Pferdes ist das voll gelöste Pferd. Es gibt zwar Reiter, die die Ansicht vertreten, ein älteres gerittenes Pferd brauche nicht mehr gelöst zu werden, da es dann nur auf die Vorhand käme. Außerdem sei es sinnlos, die Spannung erst herauszureiten, da man sie nachher, z. B. für die Piaffe und Passage, doch wieder benötige. Solche Irrtümer können indessen nur auftauchen, wenn man das System der Reitausbildung in seiner Gesamtheit nicht erkennt und deshalb vom richtigen Weg abweicht. Man kann diese Art des Arbeitens den Pferden ansehen: Taktfehler im Schritt, gespannte Tritte, festgehaltener Rücken, Stirnlinie hinter der Senkrechten sind die eindeutigen Kennzeichen von Pferden, die längere Zeit nicht richtig gelöst worden sind. Das nicht gelöste Pferd geht mehr oder weniger gespannt, d. h., nicht alle Muskelgruppen (besonders auch im Rücken) sind gelockert, sondern verkrampft. Das Pferd geht z. B. während der gesamten Dressuraufgabe unter Spannung und macht entsprechende Fehler. Ein voll gelöstes Pferd dagegen kann für besondere Lektionen bestimmte Muskelgruppen anspannen und wenn nötig auch wieder entspannen, beispielsweise im Mittelschritt oder beim Zügel-aus-der-Hand-kauen-lassen. Sobald das Pferd genügend gelöst ist, beginnt die eigentliche Arbeit. Wir üben den Gehorsam des Pferdes auf die Gewichts-, Schenkel- und Zügelhilfen auf dem Dressurviereck, im Gelände oder über Sprünge. Die Springausbildung und das Reiten im Gelände werden noch gesondert beschrieben. Dazu machen wir uns entsprechend dem Ausbildungsstand des Pferdes für jede Stunde ein ganz bestimmtes Programm. Hierfür gilt als Richtschnur, dass wir mit einfachen Übungen/Lektionen beginnen, um langsam zu schwierigeren Übungen überzugehen.

Entspanntes, lockeres Traben in Dehnungshaltung

Es wird zwangsläufig vorkommen, dass wir uns ab und zu „festziehen". Kein Ausbilder ist vollkommen. Selbst der erfahrenste Reiter kann sich von Fehlern nicht freisprechen. Nur ist es wichtig, dies zu erkennen und sofort danach zu handeln, um noch das Beste aus der Situation zu machen. Wenn ich z. B. erkennen muss, dass mein Pferd sich wehrt, weil es einfach nicht mehr imstande ist, eine bestimmte Hilfe anzunehmen, nützt selbst hartes Durchgreifen nichts mehr.

Ich würde die Lage dadurch nur noch aussichtsloser gestalten und mir das Vertrauen des Pferdes auf lange Zeit zerstören, weil sich das Pferd an unangenehme Vorgänge leider auch sehr genau erinnert. Erkenne ich aber den Zustand und erfasse die Situation richtig, breche ich diese Lektion ab, wechsle zu einer anderen, möglichst leichteren Übung über und verschaffe mir dadurch die Aufmerksamkeit und Zufriedenheit des Pferdes und einen guten Abschluss. Pferde sind nicht in der Lage, beliebig lange mit der gewünschten Aufmerksamkeit den Hilfen des Reiters zu folgen. Oft ist es z. B. gerade dem jungen Pferd unangenehm, längere Zeit durchs Genick zu gehen, ohne zwischendurch die Möglichkeit zu haben, einmal in einer kurzen Pause die Halsmuskeln durch Zügel-aus-der-Hand-kauen-lassen zu entspannen. Ich empfehle deshalb

DER VORTAG IST ENTSCHEIDEND

Ich beende das Training immer mit einer gelungenen Übung und einem zufriedenen Pferd. Dann kann ich am nächsten Tag viel leichter dort anknüpfen, wo ich am Vortag aufgehört habe.

Das Training wird mit entspanntem Schrittreiten beendet.

NIE VERGESSEN
Ruhiges und entspanntes Schrittreiten am Ende der Stunde lassen Pferd und Reiter am nächsten Tag gelassen und motiviert beginnen.

besonders bei jungen Pferden, im Arbeitsteil der Reitstunde nach etwa 10 bis 15 Minuten eine kleine Pause einzulegen. Auf diese Art und Weise verhindere ich am besten, dass ich mich an einem bestimmten Problem „festbeiße" und sich mein Pferd widersetzt. Ideal ist es, wenn es mir gelingt, den Arbeitsteil mit einer besonders gut gelungenen Lektion abzuschließen und mein Pferd zu loben, gleichgültig, ob diese Lektion leicht oder schwierig war: Das Pferd wird es mir danken. Ich habe mir eine gute Ausgangsposition für den nächsten Tag geschaffen. Grundsätzlich baut die Ausbildung darauf auf, dass ich das junge Pferd für gut absolvierte Lektionen lobe und schlechte zunächst ignoriere. Der dritte Teil jeder Reitstunde trägt die Überschrift: Schrittreiten. Dies erfolgt in der Regel mit hingegebenem Zügel und wird leider aus Gleichgültigkeit häufig vernachlässigt. Dabei ist Schrittreiten für den Reiter lediglich eine Geduldssache, für das Pferd hingegen ist es außerordentlich wichtig. Ein Pferd, das abschließend in Ruhe Schritt geritten wird, kehrt zufrieden in seinen Stall zurück. Es erlangt, selbst wenn es im Arbeitsteil der Stunde Unruhe gegeben haben sollte, seinen inneren Frieden wieder. Außerdem wird der taktmäßige, raumgreifende Schritt durch das fleißige Schrittreiten mit hingegebenem Zügel gefestigt. Ich habe dies bei den von mir ausgebildeten Dressur- und Vielseitigkeitspferden immer wieder erlebt. Etwa fünf bis zehn Minuten dauert das Schrittreiten des jungen Pferdes, je nachdem, wie stark das Pferd im Arbeitsteil der Reitstunde beansprucht wurde.

KONTROLLE DES ARBEITSPENSUMS

An dieser Stelle möchte ich einflechten, dass es wichtig ist, die Auswirkungen der Arbeit auf das Pferd zu kontrollieren. Überlastungen sind manchmal beim Reiten schwer zu erkennen. So erwecken gerade besonders lebhafte und nervöse Pferde oft den Anschein, als sei es unmöglich, sie zu lösen und endlich zum Treiben zu kommen. Doch der Schein trügt häufig. Wir sollten einige Stunden nach dem Reiten noch einmal den Stall aufsuchen und uns vom Zustand unseres Pferdes überzeugen. Steht es etwa teilnahmslos im Stall, deutet dies auf Erschöpfung hin. Die Ausbildungsanforderungen sollten dann herabgesetzt werden.

Nicht immer ist Überforderung durch akute Erscheinungen deutlich erkennbar. So kann z. B. mangelnde Fresslust auf die Futterumstellung von der Weide zurückzuführen sein. Das junge Pferd kann auch Haken auf den Zähnen haben, die es beim Kauen behindern. Gerade bei jungen Pferden ist die regelmäßige Zahnkontrolle notwendig.

Das wichtigste Kapitel sind die Beine des Pferdes. Sehnen und Gelenke sollten ständig kontrolliert werden. Bekommt ein Pferd warme Sehnen oder geschwollene Gelenke, ist dies oft ein eindeutiges Zeichen für Überanstrengung.

Jedes Pferd braucht täglich freien Auslauf.

Ein erfahrener Pfleger bemerkt dies bei der täglichen Pflege des Pferdes. Zu Beginn tastet er routinemäßig jeweils alle vier Beine ab. Kommt ihm das Pferd im Gesamtverhalten verändert vor, wird ca. eine Stunde nach dem Reiten zur Kontrolle Fieber gemessen. Der Ausbilder erkundigt sich vor Beginn der Arbeit täglich nach Besonderheiten. Zu seiner eigenen Sicherheit beschaut und befühlt auch er kurz die Pferdebeine. Eine gute Vorsorge ist – bei entsprechender Witterung – das Abspritzen der Beine nach der Ausbildungsstunde mit kurzer Massage. Dazu streicht man mehrmals mit der flachen Hand an den Sehnen entlang bis hinunter zum Fesselkopf. Sondermaßnahmen, insbesondere Einreibungen unter Verwendung von Medikamenten, sollten unbedingt mit dem Tierarzt abgesprochen werden. Sie dürften bei dem jungen Pferd normalerweise überflüssig sein und nur nach besonderen Anstrengungen infrage kommen.

Selbstverständlich gehört zur Kontrolle auch die regelmäßige Überprüfung der Hufe. Damit diese nicht spröde werden, fettet der Pfleger sie nach dem Waschen (nicht vor dem Reiten) und Abtrocknen der Beine mit Hufpflegemittel ein. Bei guten Bodenverhältnissen können junge Pferde bis zum ersten Turnierstart unbeschlagen bleiben, es sei denn, dass fehlerhafte Hufstellungen durch Beschlag korrigiert werden müssen. Dazu sollte man den Rat des Hufschmiedes einholen, der die Hufe in regelmäßigen Zeitabständen kontrolliert und beschneidet.

Im Allgemeinen genügt es, wenn junge Pferde bei wechselnden Bodenverhältnissen lediglich vorne beschlagen werden. Für das Gelände- und Springtraining auf Grasboden können Stollen und damit auch ein Hufbeschlag an den Hinterbeinen notwendig sein.

Sehr zu empfehlen ist zusätzlich täglicher Auslauf in Paddocks oder besser noch der Weidegang. Einmal in der Woche sollte dem Pferd ein reitfreier Tag (nicht Stehtag) eingeräumt werden, an dem es ausgiebig im Paddock bzw. auf der Weide seine Freiheit genießen darf. Dies ist unerlässlich für das innere Gleichgewicht!

Täglicher Weidegang sorgt für körperliches und seelisches Gleichgewicht.

ÜBER DIE LOSGELASSENHEIT
— *zur Schwungentfaltung*

DAS ERLERNEN DER HILFEN

ZUSAMMENSPIEL DER HILFENGEBUNG

Vom Lösen haben wir in den vorherigen Kapiteln ausführlich gesprochen. Jetzt wollen wir dazu übergehen, das junge Pferd mit den Hilfen des Reiters weiter vertraut zu machen, damit wir es beeinflussen können, Schwung zu entwickeln. Wir kennen – abgesehen von Stimme, Gerte und Sporen – Gewichts-, Schenkel- und Zügelhilfen. Um diese dem jungen Pferd beizubringen und es an die Hilfen des Reiters zu gewöhnen, sind uns bestimmte Lektionen an die Hand gegeben. Durch das Reiten dieser Lektionen kann der Gehorsam auf einzelne Hilfen oder die Wirkung insgesamt beim Pferd verbessert werden. Das sind u. a. die Lektionen aus dem Aufgabenheft der LPO für die Dressur Klasse A. Der weitere Ausbildungsweg für die Spezialdisziplin Dressur ist durch die Aufgaben der Klassen L, M und S gekennzeichnet. Jede Klasse entspricht einer bestimmten Ausbildungsstufe, für die jeweils etwa ein Jahr Training angesetzt werden kann. Wer aber glaubt, er könne ein Pferd dadurch ausbilden, dass er so lange Aufgaben übt, bis das Pferd sie mehr oder weniger kennt, hat den Sinn der Grundausbildung noch nicht erfasst.

Wir wollen die natürlichen Anlagen des Pferdes durch gymnastizierende Ausbildung fördern. Wir wollen das Pferd dadurch gesünder und schöner machen. Wir wollen weder Hufschlagakrobaten noch reine Lektionenkünstler ausbilden.

Man kann nicht genug davor warnen, die Pferde durch ständiges Üben von Lektionen abzustumpfen und an Gang verlieren zu lassen. Wir sehen leider häufig auf Turnieren Pferde, die durch Einüben von Lektionen zwar mürbe oder, freundlicher ausgedrückt, gehorsam gemacht worden sind, deren Bewegungen aber an Ausdruck verloren haben. Die Gefahr einer solchen Entwicklung ist bei uns nicht von der Hand zu weisen. Denn wegen der explosionsartig angewachsenen Starterzahlen in Dressurprüfungen mussten die Dressuraufgaben der LPO verkürzt werden. Dadurch traten zwangsläufig die einzelnen Lektionen in der Folge und in der Bewertung stärker hervor. Gerade in den unteren Klassen kommt der Reinheit der Gangarten und der Durchlässigkeit die größte Bedeutung zu. Es wird mehr Wert darauf gelegt, das Pferd losgelassen und durchlässig vorzustellen.

LEKTIONEN

Lektionen sind stets nur Mittel zum Zweck, niemals Selbstzweck.

GEHORSAM AUF VORWÄRTS TREIBENDE HILFEN

Wenden wir uns wieder dem Training des jungen Pferdes zu. Wenn sich das junge Pferd nach dem ersten Lösen beruhigt hat und der Reiter etwas zum Treiben kommt, üben wir zunächst den Gehorsam auf die vorwärts treibenden Hilfen. Dazu werden die Unterschenkel etwas fester angelegt, und das Treiben kann mit der Stimme unterstützt werden. Reagiert das Pferd, wird es sofort gelobt. Reagiert es nicht, müssen wir die Hilfen verstärken.

Das Pferd muss sicher vor den treibenden Hilfen sein.

Durch mehrfaches Wiederholen der Kombination Schenkel/Stimme und bei triebigen Pferden evtl. mit der Gerte versuchen wir, das junge Pferd darauf abzustimmen, dass es schließlich allein auf den Schenkeldruck vorwärts geht, indem wir nach und nach die Stimme und die Gerte weglassen und diese nur dann einsetzen, wenn das junge Pferd auf den Schenkeldruck nicht reagiert.
Die treibenden Hilfen sind unerlässlich für die Entwicklung der Schubkraft der Hinterhand. Sie reichen aber allein nicht aus. Durch bloßes Treiben kann die Schubkraft aus der Hinterhand nicht gefördert werden. Wir brauchen dazu die Verbindung zwischen Reiterhand und Pferdemaul, die sichere Anlehnung.
Das Pferd muss an den Zügel herantreten, im Genick nachgeben und dadurch eine dem jeweiligen Gangmaß und Ausbildungsstand entsprechende Haltung einnehmen, in der es seine Kraft am besten entfalten kann. Eine gute Kontrolle und Weiterbildung besteht darin, am Ende der Stunde an zwei bis drei langen Seiten „Tritte verlängern" zu fordern.

AN DEN ZÜGEL STELLEN (GENICKKONTROLLE)

Wir kennen die Begriffe:

- Reiten mit Verbindung zwischen Reiterhand und Pferdemaul ohne Genickkontrolle, z. B. bei jüngsten Pferden nach dem Aufsitzen (auch aus Sicherheitsgründen).
- Reiten mit hingegebenem Zügel, d. h. Zügel an der Schnalle anfassen, oft zu Beginn des Reitens, unerlässlich aber zum Ende der Reitstunde.
- Reiten am langen Zügel: die längste Verbindung zwischen Reiterhand und Pferdemaul, wobei das Pferd jedoch im Genick nachgeben soll (Genickkontrolle). Im Mittelschritt erforderlich und oft auch zu Beginn der Reitstunde, wenn ein Pferd eine zu ausgeprägte Unterhalsmuskulatur oder Genickschwierigkeiten aufweist.
- Reiten am Zügel: Je nach Halsform werden die Zügel ca. 7 bis 8 cm kürzer gefasst als am langen Zügel; im versammelten Schritt, Trab und Galopp (auch auf Kandare erforderlich).

DAS GEHEIMNIS DER EINWIRKUNG

Das Geheimnis der Einwirkung des Reiters ist im energischen, aber gefühlvollen und für den Zuschauer immer unsichtbarer werdenden Zusammenwirken von Gewichts-, Schenkel- und Zügelhilfen und dem „Nachgebenkönnen" begründet.

Wie stellt man ein Pferd an den Zügel? Mit ein paar Sätzen lässt sich dies kaum beschreiben. Sicherlich ist es nicht damit getan, die Zügel einfach anzunehmen, damit wir Kontakt zum Pferdemaul erhalten. Das Pferd würde aus Unkenntnis auf das Annehmen der Zügel mit dem Gegenteil der erwünschten Wirkung reagieren: Es würde einfach stehen bleiben oder Widerstand leisten, sich festbeißen oder mit dem Kopf schlagen. Deshalb kann die Zügelhilfe nur im Einklang mit Gewichts- und Schenkelhilfen (halbe Paraden) zum gewünschten Erfolg führen.

Das Pferd geht sicher durchs Genick.

Mit der Zügelhilfe verbinde ich Kreuzanspannen (Gewichtshilfe) und Schenkeldruck. Während ich bisher in der Phase des ersten Anreitens mit der Hand stets nachgegeben habe, um die Dehnungsbereitschaft des Pferdehalses nach vorwärts-abwärts zu fördern, kommt jetzt der Punkt, an dem der Reiter mit der Hand gefühlvoll gegenhält. Durch die treibenden Hilfen wird das Pferd im Trab zum fleißigeren Abfußen veranlasst. Die Reiterhand nimmt den Schwung auf. Doch nimmt sie nur so viel Gewicht in die Hand, wie der von der Hinterhand über den lockeren Rücken fließende Schwung durch das Genick in das Pferdemaul bringt.

Das erfordert viel Einfühlungsvermögen. Der Reiter muss sich anfangs davor hüten, das Pferd mit zu viel Einwirkung beizäumen zu wollen, denn das würde Spannungen geradezu herausfordern. Er muss vielmehr mit seinen weichen, gefühlvollen Händen dem Pferdemaul die Anlehnung so angenehm wie möglich anbieten. Dazu sind ein weiches Hand- und ggf. auch Ellenbogengelenk bei lockerer Schulter und richtig stehenden Händen unentbehrlich.

Die durch die Anlehnung erzeugte Haltung ermöglicht erst durch halbe Paraden, dass das Pferd sicherer durchs Genick tritt. Das hängt vom Halsansatz und der Halsform sowie der weiteren Entwicklung der Schubkraft ab.

Die Schubkraft ermöglicht es dem Pferd, den Hals mehr aufzurichten, sodass der Reiter das Pferd mehr vor sich hat. Wir müssen das Pferd erst insgesamt weiter arbeiten. Damit verbessert sich zwangsläufig die Tragkraft. Beispielsweise beim Mitteltrab an der langen Seite wird bei den ersten drei bis vier Tritten aus der Ecke heraus die Schubkraft und beim Zurückführen des Tempos vor der nächsten Ecke die Tragkraft angesprochen und verbessert.

Da die Bewegung und Kraft des Pferdes von der Hinterhand ausgeht und über den schwingenden Rücken nach vorn weitergeleitet werden soll, muss die ganze Aufmerksamkeit des Reiters darauf gerichtet sein, das junge Pferd „von hinten nach vorn" zu reiten und nicht umgekehrt. Zusammengezogene Hälse erschweren die Ausbildung der Rückenmuskulatur und behindern den natürlichen Bewegungsablauf. Sie bewirken also das Gegenteil von dem, was wir mit der reiterlichen Grundausbildung erreichen wollen. Ich erwähne dies deshalb, weil gerade an dieser Stelle die Weichen für den Erfolg oder Misserfolg der Ausbildung gestellt werden. Versuchen wir nämlich, das Pferd zu früh mit dem Hals in eine bestimmte Form zu zwingen, so geraten wir auf einen Irrweg, der schwerwiegende Schäden zur Folge hat.

Fleißiges Abfußen über den lockeren Rücken sicher in die Hand hinein

01

02

Ich denke z. B. an Begriffe wie: „eng im Hals", „hinter der Senkrechten", „Maulfehler", „fester Rücken", „gespannte Bewegungen", „Taktfehler", „Gangverkürzungen" und „Temperamentstörungen", Mängel, die leider trotz der von den Züchtern deutlich verbesserten Halsungen wahrscheinlich u. a. durch den falschen – und oft unnötigen – Gebrauch der Schlaufzügel entstehen.

Wir beschäftigen uns in der ersten Ausbildungsstufe hauptsächlich damit, den Gehorsam des Pferdes auf vorwärts, vorwärts-seitwärts und seitwärts treibende sowie verwahrende Reiterhilfen zu üben. Erst dadurch, dass das Pferd diese Hilfen vermehrt anzunehmen lernt, gelingt es dem Reiter, den Bewegungsablauf des Pferdes auf der Geraden und in den Wendungen zu beeinflussen.

Die Hilfengebung als solche gehört in den Bereich der Ausbildung des Reiters. Der Reiter sollte sie auf einem älteren, gerittenen Pferd erlernt haben. Sonst ist die Ausbildungsarbeit kaum möglich und die Gefahr von Fehlerquellen umso größer.

Ein unerfahrener Reiter gehört auf das erfahrene Pferd, der erfahrene Reiter auf das junge Pferd.

Wer sich ein junges Pferd kauft und wenig Erfahrung hat, sollte jede sich bietende Gelegenheit wahrnehmen, fremde, möglichst weit ausgebildete Pferde zu reiten. Das Geld und die Zeit dafür sind gut angelegt. Der Reiter, der das Glück hat, täglich verschiedene Pferde reiten zu können, wird vergleichen und schneller die erforderliche Hilfengebung erlernen. So kann er möglichst viele Reiterfehler in der Ausbildung vermeiden und mit den richtigen Grundsätzen die Arbeit beginnen.

Wir müssen die einzelnen Lektionen kennen, um den Gehorsam des Pferdes auf treibende und verhaltende Hilfen zu schulen.

01 *Hier passt alles: Die Freude an der Arbeit steht ins Gesicht geschrieben.*

02 *Das unzufriedene Gesicht verrät es schon: In dieser Haltung fühlt sich das Pferd nicht wohl.*

GEHORSAM AUF EINSEITIGE HILFEN

Die vorwärts treibenden Hilfen (Gewichts- und Schenkelhilfen), etwa beim Anreiten und Antraben, haben wir bereits besprochen. Mit den ersten verhaltenden Reiterhilfen haben wir das Pferd beim „an den Zügel stellen“ (halbe Paraden) vertraut gemacht. Widmen wir uns im Folgenden vermehrt den seitwärts treibenden (einseitigen) Reiterhilfen in dieser Ausbildungsstufe.

WENDUNG AUF DER VORHAND

Eine wichtige Lektion, die das junge Pferd zum Gehorsam auf einseitige, seitwärts treibende, vortreibende und verwahrende Hilfen erzieht, ist die Wendung auf der Vorhand. Wir bezeichnen sie als eine lösende Übung, die sich gut dazu eignet (in den Pausen zwischen den einzelnen Trabreprisen), die Wirkung der Gewichtshilfen, der seitwärts treibenden und verwahrenden Schenkel- sowie der einseitigen Zügelhilfen auszuprobieren. Wie macht man das? Der Reiter hält sein Pferd z. B. auf der linken Hand auf dem zweiten Hufschlag an. Dann belastet er das rechte Sitzbein (ohne in der Hüfte einzuknicken) etwas stärker und verkürzt den rechten Zügel bei leichtem Nachgeben des äußeren Zügels. Die erste Reaktion, die er nun erzielen muss, ist die, dass das Pferd auf den Anzug des rechten Zügels das Gebiss loslässt. Geschieht dies, wird das Pferd kurz mit der Stimme belohnt. Andernfalls muss das Zügelverkürzen wiederholt werden. Als Nächstes nimmt der Reiter den rechten (inneren) Schenkel dicht hinter dem Sattelgurt fester ans Pferd und drückt die Hinterhand im Vor- und Übertreten Schritt für Schritt um die Vorhand herum, bis die Wendung vollendet ist. Folgt das Pferd der Schenkelhilfe nicht, kann ich die Gerte leicht unterstützend hinzunehmen, indem ich sie dicht hinter dem rechten Schenkel anlege. Als weitere Hilfe kann ich dabei einige weiche Zügelanzüge geben, die Kopf und Hals nach innen (rechts) wenden.

Der linke (äußere) Schenkel liegt verwahrend hinter dem Gurt und fängt die auf ihn zukommende Hinterhand Schritt für Schritt auf. Besonders wenn die Wendung zu eilig erfolgt, lege ich anfangs nach jedem Doppelschritt, wenn also der innere Hinterfuß übergetreten und der äußere Hinterfuß gefolgt ist, eine Pause ein und lobe das Pferd. Danach wird der nächste Doppelschritt geübt, bis die Wendung vollendet ist. Ergeben sich Schwierigkeiten, kann ich auch nach dem ersten Doppelschritt die Wendung nach entsprechendem Umstellen zur Ausgangsstellung zurückführen.

Hat das junge Pferd auf diese Art und Weise erstmals Bekanntschaft mit seitwärts treibender Einwirkung gemacht, richte ich bei den weiteren Übungen mein Augenmerk auf die einseitige Gewichtshilfe und auf den äußeren Zügel. Das einseitige Kreuzanspannen des Reiters sorgt dafür, dass das Pferd nicht zurücktritt, was allerdings der kleinere Fehler wäre. Der äußere (linke) Zügel erfüllt eine doppelte Funktion:

VORHANDWENDUNG

Sie ist eine Grundübung zur Verinnerlichung der diagonalen Hilfengebung und zur Förderung des Gehorsams auf seitwärtstreibende und verwahrende Schenkelhilfen.

Er verhindert das Ausfallen über die äußere Schulter und wirkt einem Vortreten des Pferdes (der größere Fehler) entgegen.
Ich möchte an dieser Stelle ergänzend hinzufügen, dass die Vorhandwendung auch als Korrektur benutzt werden kann, z. B. bei Pferden, die gefühllos gegen den Schenkel geworden sind – oftmals eine Folge von ständig klopfenden Unterschenkeln.
Außerdem erlernt der junge Reiter bei der Vorhandwendung auf dem haltenden Pferd das vermehrte Einwirken mit dem inneren Schenkel nach der Gewichtsverlagerung und das Einwirken mit dem äußeren Schenkel. Diese Hilfengebung entspricht in der Vorwärtsbewegung auch den Hilfen zum Angaloppieren.
Die Vorhandwendung hat für die Ausbildung des jungen Pferdes (auch des jungen Reiters) mehr Bedeutung, als ihr oft zugebilligt wird. Auch später beim Rückwärtsrichten wird auf die Vorhandwendung hingewiesen. Pferden, die sich hartnäckig weigern, zurückzutreten, wird durch eine beginnende Vorhandwendung die Rückwärtsbewegung erleichtert.

Übertreten im Schritt – Gehorsam auf einseitig treibende Hilfen

SCHENKELWEICHEN

Das Schenkelweichen gehört ebenfalls zu den lösenden Übungen, bei denen das Pferd den Gehorsam auf die vorwärts-seitwärts treibenden Hilfen des Reiters erlernen kann (Schenkelweichen wird nur als vorbereitende Übung bezeichnet). Schenkelweichen wird zunächst im Schritt geritten und kann später auch im (verkürzten) Arbeitstrab geübt werden. Es sollten immer nur kurze Strecken einlegt werden. Um das Pferd auf der rechten Hand dem äußeren Schenkel weichen zu lassen, gibt der Reiter folgende Hilfen: Das Gewicht wird stärker auf das linke Sitzbein verlagert.
Der rechte Zügel führt die Vorhand und verwahrt die rechte Schulter. Der rechte Schenkel liegt in verwahrender Stellung hinter dem Gurt und verhindert, dass das Pferd zu eilig und zu stark seitwärts tritt. Dann drückt der linke Schenkel, hinter dem Gurt liegend, die Hinterhand vorwärts-seitwärts, und zwar möglichst im Augenblick des Abfußens des linken Hinterfußes. Der linke Zügel wird angenommen und gibt dem Pferd eine geringe Stellung nach der Seite des seitwärts treibenden linken Schenkels.
Soll das Pferd auf der rechten Hand dem inneren Schenkel weichen, führt der Reiter die Vorhand wie zur Volte einen kleinen Schritt ins Viereck oder in den Zirkel hinein, wobei die Hinterhand auf dem bisherigen Hufschlag verbleibt und die Vorhand auf den zweiten Hufschlag geht. Dann setzt er mit seinen Hilfen – wie eingangs beschrieben – ein, wobei jetzt der rechte Zügel der innere und der rechte Schenkel der vorwärts-seitwärts treibende ist. Beendet wird das Schenkelweichen durch Einstellen der Vorhand auf die Hinterhand, indem der äußere Zügel die Vorhand auf den Hufschlag zurückführt. Das Weichen des dem Inneren der Bahn zugekehrten Schenkels hat größeren Ausbildungswert, da es die späteren Lektionen Schultervor und Schulterherein vorbereitet. Im Unterschied dazu ist beim Schenkelweichen die Längsachse des Pferdes bis zu einem Winkel von etwa 45 Grad schräg zur Hufschlaglinie zu stellen (auf zwei Hufschlägen).

ZIEL ERREICHT?
Wenn das junge Pferd zum Ende des ersten Ausbildungsjahres auf beiden Händen willig in schöner Selbsthaltung und sicher im Takt Schenkelweichen geht, sind wir auf dem richtigen Weg.

VIERECK VERKLEINERN UND VERGRÖSSERN

Um den Gehorsam auf die vorwärts-seitwärts treibenden Gewichts- und Schenkelhilfen zu festigen, wird die Übung Viereck verkleinern und vergrößern geritten. Das Pferd bewegt sich dazu wie beim Schenkelweichen auf zwei Hufschlägen, die bis zu einem Schritt voneinander entfernt sind. Je sicherer das Pferd an die äußeren – beim Übertreten nach rechts also rechten – Hilfen herangebracht ist, desto geringer kann die Abstellung sein.
Wie weit das Pferd beim Viereck verkleinern in die Bahn geführt wird, richtet sich nach seinem Ausbildungsstand. In der Regel werden vom Wechselpunkt aus 5 m vom Hufschlag in die Bahn zum Verkleinern gefordert und nach Umstellen zurück zum Wechselpunkt geritten. Anfangs fordern wir nur wenige Schritte. Um aber einen größeren Aus-

Viereck verkleinern …

… und vergrößern

bildungserfolg zu haben, kann man durchaus bis X übertreten lassen. Der innere Hinterfuß muss weiter vor- und übertreten, sodass die Geschmeidigkeit und Durchlässigkeit im Schritt und besonders im Trab weiter gefördert werden. Zur Ausführung der Übung gibt der Reiter folgende Hilfen:

Nach Durchreiten der Ecke auf der linken Hand gibt der Reiter dem Pferd eine leichte Kopfstellung nach rechts. Er verlagert dann sein Gewicht stärker auf das rechte Sitzbein und nimmt die Unterschenkel (besonders den linken, jetzt äußeren Schenkel) etwas zurück.

Am Wechselpunkt setzt die vorwärts-seitwärts treibende Einwirkung des rechten (jetzt inneren) Schenkels ein, der das Pferd auch mit den Gewichtshilfen parallel vorwärts-seitwärts zum Bahninneren treibt. Der linke Schenkel wirkt verwahrend und – wenn nötig – treibend zur Erhaltung der Vorwärtsbewegung.

Im gewünschten Abstand von der Bande oder an der Mittellinie wird das Pferd gerade gerichtet und etwa eine Pferdelänge geradeaus geritten.

Dann wird dem Pferd die neue Stellung gegeben, und es wird sinngemäß in gleicher Weise im Viereck vergrößern auf den Hufschlag der ganzen Bahn zurückgeführt. Beim Erreichen des Hufschlages wird die Lektion durch Geraderichten des Pferdes beendet.

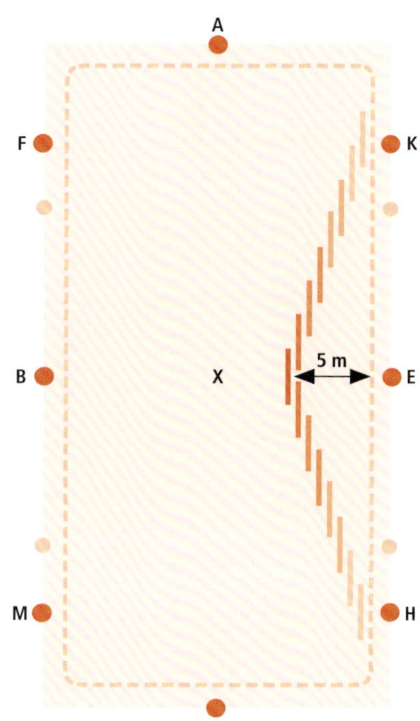

Viereck verkleinern und vergrößern

REITEN AUF GEBOGENEN LINIEN

Nachdem wir durch Vorhandwendung und Schenkelweichen den Gehorsam des Pferdes auf einseitige Einwirkungen verbessern konnten, konzentrieren wir uns darauf, gebogene Linien richtig auszureiten, denn unser Pferd hat gelernt, auf einseitige Hilfen besser zu reagieren. Zum Reiten auf gebogenen Linien zählen wir in der Ausbildungsstufe der Klasse A beispielsweise Reiten auf dem Zirkel, Schlangenlinien, das korrekte Durchreiten der Ecken (zunächst eine halbe Volte von 10 m Durchmesser), Kehrtwendungen, Reiten auf dem Zirkel mit Übertretenlassen auf der offenen Zirkelseite sowie die Acht an der kurzen Seite, bestehend aus zwei Kreisbögen von je 10 m Durchmesser. Zweckmäßigerweise reitet man alle Lektionen zunächst im Schritt, anschließend

Das Pferd galoppiert in guter Längsbiegung.

im Trab. Den Begriff Stellung (Innenstellung) kennen wir bereits von den lösenden Lektionen. Die Stellung ist beim Pferd vom Reiter aus nur im Genick zu erkennen. Man sieht das innere Auge und die innere Nüster. Der Mähnenkamm kippt nach innen.
Die Biegung des Pferdes ist Voraussetzung dafür, dass es sich auf gebogener Linie taktrein und ausbalanciert bewegen kann. Außerdem sind die Fähigkeit und Bereitschaft zur Biegung eine wichtige Voraussetzung für die geraderichtende und versammelnde Arbeit.
Die Biegung spricht in erster Linie auch die Rippenpartie des Pferdes an und geht durch das ganze Pferd vom Kopf bis zum Schweif, also vor und hinter dem inneren Reiterschenkel.
Praxisbeispiel: In der 8-m-Linksvolte ist das Pferd links gestellt und nach links gebogen sowie auf einem Hufschlag gerade gerichtet, d.h., die Hinterfüße folgen exakt der Spur der Vorderfüße.

STELLUNG UND BIEGUNG
Das gestellte Pferd ist nicht immer gebogen; das gebogene Pferd ist aber immer gestellt.

REITEN VON WENDUNGEN

Da das junge Pferd bisher noch keine Längsbiegung im Sinne der Versammlung kennengelernt hat, konnten wir diese bei Wendungen kaum beeinflussen. Wir ritten die Wendungen bewusst in einem möglichst großen Bogen, um beim Abfußen ein ungehindertes Zutreten zu ermöglichen und den Takt zu erhalten.
Jetzt, nachdem wir bei dem Pferd das Nachgeben auf kaum sichtbare innere Hilfen verbessert haben, können wir auch schon die Biegung fördern, die erforderlich ist, damit das äußere Hinterbein besser mittritt. Wie leitet man die Wendung (z.B. Ausreiten der Ecke) ein?
Das äußere Beinpaar hat in jeder Wendung einen etwas längeren Weg zurückzulegen als das innere. Der innere Zügel führt das Pferd in die Wendung, der innere Schenkel liegt vorwärts treibend am Gurt. Dann muss der äußere Zügel etwas nachgegeben werden, ohne dass die Anlehnung verloren geht und ein Ausfallen über die äußere Schulter möglich ist. Dies erfordert auch eine verwahrende Hilfe des gut anliegenden äußeren Schenkels.
Sofortiges Nachgeben des inneren Zügels darf nicht vergessen werden, damit das Pferd am inneren Zügel nicht fest wird und nicht hinter die Senkrechte kommen kann.
Jede Wendung ist mit einer Gewichtsverlagerung verbunden, die durch Austreten des inneren Bügels und Vorschieben des inneren Sitzbeines bewirkt wird. Die äußere Schulter wird dabei nach vorn genommen und bleibt damit parallel zum Pferd.
Um sich der stärkeren Biegung zu entziehen, versuchen junge Pferde, den Bogen z.B. durch die Ecke abzuflachen oder den inneren Hinterfuß seitwärts zu setzen. Dem müssen innerer Schenkel und äußerer Zügel entgegenwirken. Das korrekte Durchreiten von Ecken erfolgt später auf einer Viertelvolte von 6 m Durchmesser. Dazu fehlt dem jungen Pferd noch die erforderliche Biegung. Hier sollte man daher mit einer Viertelvolte von ca. 8 bis 10 m zufrieden sein.

Die äußeren Hilfen begrenzen Stellung und Biegung, lassen sie aber auch zu.

Das Pferd galoppiert ausbalanciert auf dem Zirkel.

REITEN AUF DEM ZIRKEL

Reiten auf dem Zirkel verlangt kontinuierliches Wenden des Pferdes. Es ist für manche Pferde leichter, weil wir hierbei einen größeren Bogen beschreiben als beim Durchreiten einer Ecke. Bei jüngsten Pferden kann man die vier Zirkelpunkte nach innen (ca. 2 m vom Zirkelpunkt) mit Kegeln abstellen, um dem Pferd das zum Lösen wertvolle Traben auf dem Zirkel zu erleichtern.

Obwohl die Pferde an der Longe schon an den Kreisbogen gewöhnt sind, fällt es vielen Pferden und Reitern häufig schwer, den Zirkel gleichmäßig rund auszureiten, ohne an der offenen Zirkelseite über die äußere Schulter auszufallen oder auf der anderen Hand nach innen hineinzudrücken.

Wir kommen auf die Zirkelarbeit zurück, sobald wir uns näher mit der natürlichen Schiefe des Pferdes beschäftigt haben. Vorerst begnügen wir uns damit, den Zirkel zur Beruhigung von gehfreudigen und/oder nervösen Pferden zu reiten und hierbei die gleichen Hilfen anzuwenden, die wir zuvor bei Wendungen und beim Durchreiten von Ecken besprochen haben. Entsprechendes gilt z. B. für das Reiten von Volten mit 10 m Durchmesser, Kehrtwendungen und der Acht an der kurzen Seite.

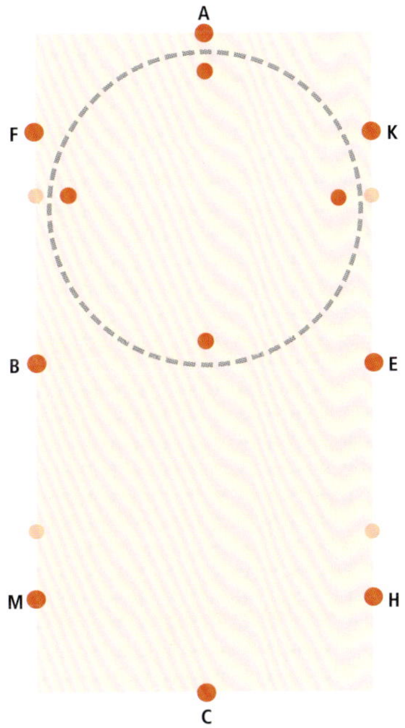

Kegel erleichtern das korrekte Ausreiten eines Zirkels (aber auch anderer Hufschlagfiguren).

REITEN VON SCHLANGENLINIEN

Das Reiten von Schlangenlinien ist ein gutes Mittel, um das junge Pferd zum Gehorsam auf die wendenden Einwirkungen des Reiters zu erziehen. Wir beginnen mit Schlangenlinien an der langen Seite. Anfangs genügt ein flacher Bogen. Wir zeigen dem Pferd im Schritt zunächst den Weg. Danach gehen wir in den Arbeitstrab über. Wir bemühen uns, dem Pferd die Richtungsänderung jeweils zuerst durch unsere Gewichtshilfen und dann durch Schenkel- und Zügelhilfen anzugeben (genaue Erläuterung siehe S. 87 unter „Reiten von Wendungen“).
Darin und im Geschmeidigmachen (Lockerung der Rippenpartien) auf beiden Händen liegt der eigentliche Wert des Reitens von Schlangenlinien während der Grundausbildung des jungen Reitpferdes. Wir brauchen diese Geschmeidigkeit später auch bei anderen Lektionen, im Gelände und im Springparcours.
Wir kennen die Schlangenlinie an der langen Seite und durch die ganze Bahn. An der langen Seite gibt es einen Bogen (5 m Abstand von der Bande) von Wechselpunkt zu Wechselpunkt und später die doppelte Schlangenlinie mit 2,5-m-Bögen (Aussitzen). Bei den Schlangenlinien durch die ganze Bahn sind für jüngere Pferde drei Bögen üblich (evtl. noch Leichttraben) und für Pferde, die schon etwas weiter sind, auch vier und fünf Bögen.
Für viele Ausbilder ist es unverständlich, dass die Bögen nicht mehr rund ausgeritten werden, sondern gerade über die Mittellinie geritten werden sollen.
Für die Ausbildung von jungen Reitern auf älteren Pferden und für junge Pferde unter erfahrenen Reitern ist es bedeutend besser, die Schlangenlinien wie in früheren Jahren auf gebogenen Linien zu reiten. Der unerfahrene Reiter erlernt das Einwirken mit dem inneren Schenkel, das Nachgeben mit der inneren Hand und das Umstellen besser. Das junge Pferd erlernt den Gehorsam auf diese Hilfen des Reiters besser als bei jeder anderen für das junge Pferd anstehenden Lektion und wird in den Rippenpartien geschmeidiger. Bei vier und mehr Bögen sollte man aussitzen, um das Pferd in der Anlehnung sicherer zu behalten (Genickkontrolle). Beim Umstellen erübrigt sich dann das Nachfassen, weil das Verkürzen des neuen inneren Zügels und das Nachgeben des neuen äußeren Zügels aus dem Ellbogen und Handgelenk erfolgen können.

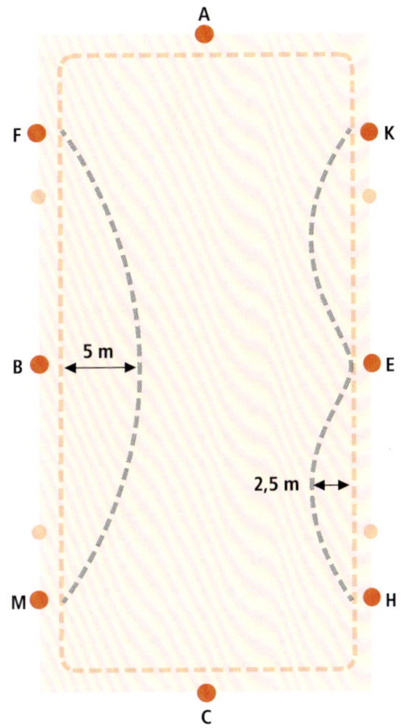

Einfache und doppelte Schlangenlinie

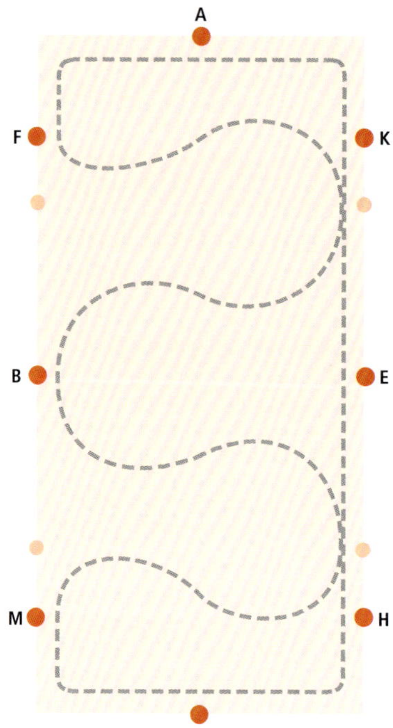

01

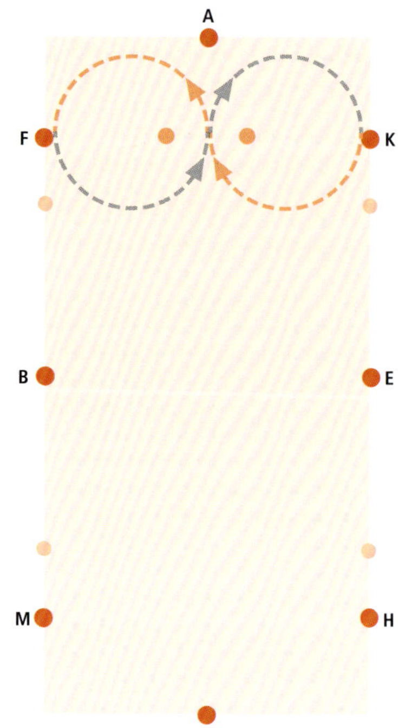

02

01 Schlangenlinien „alter Art“ mit hohem gymnastizierendem Wert. Stellen, Biegen und Umstellen werden erleichtert.

02 Die Acht an der kurzen Seite – Kegel erleichtern die korrekte Linienführung.

VOLTEN UND DAS REITEN DER ACHT

Wenn wir mit dem jungen Pferd die Schlangenlinien geschmeidig reiten können, versuchen wir, den Gehorsam auf die wendenden Einwirkungen des Reiters durch das Anlegen großer Volten und der Acht an der kurzen Seite zu vertiefen. Die Volten werden als Kreisbogen mit einem Durchmesser von 10 m geritten. Wir suchen uns dazu die Ecken des Vierecks aus, weil dort ein Ausweichen über die äußere Schulter wegen der Begrenzung besser verhindert werden kann. Wir geben die Hilfen, die wir für das Durchreiten der Ecken benötigen, und setzen sie nach Durchreiten der Ecken auf einem Hufschlag fort. Um die gleichmäßige Geschmeidigkeit und auch Biegung auf beiden Händen zu schulen, hat sich die Acht an der kurzen Seite sehr bewährt. Wir stellen das Pferd so um, wie wir dies vorher beim Reiten von Schlangenlinien geübt haben. Insgesamt fünf bis sechs Achten hintereinander (anfangs im Schritt, damit das Pferd den Weg kennt) können wir im Arbeitsteil der Stunde reiten, wenn wir anschließend das Tempo an den langen Seiten auf geraden Linien durch Tritte verlängern (anfangs leichttraben, später aussitzen) wieder auffrischen. Das Reiten der Acht verbessert beim Pferd die Anlehnung, Durchlässigkeit und Geschmeidigkeit und beim Reiter Sitz und Einwirkung besonders mit den inneren Hilfen. Die Acht ist wohl die schwierigste, aber auch die wertvollste noch lösende Lektion. Keinesfalls aber darf das anschließende energische Vorwärtsreiten vergessen werden.

☞ REITEN AUF GEBOGENEN LINIEN

01

02

03

04

01 – 02 Das Reiten einer Acht

03 – 04 Gute Stellung und Biegung in der Linksvolte

HALBE UND GANZE PARADEN

Nachdem wir schon durch Anreiten, Antraben und Vorwärtsreiten den Gehorsam des Pferdes auf die vorwärts treibenden Hilfen und durch Vorhandwendung, Schenkelweichen und Reiten auf gebogenen Linien den Gehorsam auf die seitwärts treibenden bzw. einseitigen Hilfen beachtet haben, verbessern wir nun den Gehorsam des Pferdes auf die verhaltenden Reiterhilfen. Wir wenden uns damit dem schwierigsten Kapitel der Grundausbildung zu. Bereits die Übung, das Pferd an den Zügel zu stellen, um eine Anlehnung an das Pferdemaul zu gewinnen, war ein erstes Kennenlernen der halben Paraden. Dabei verhielt sich die Reiterhand noch vermehrt passiv und stellte die ruhige Haltung von Hals und Kopf sicher (bei Nachgeben im Genick). Jetzt können wir einen Schritt weitergehen – wir wollen das Pferd durchlässiger machen. Unter Durchlässigkeit verstehen wir den Gehorsam eines losgelassenen Pferdes auf vorwärts und seitwärts treibende Gewichts- und Schenkelhilfen sowie auf verhaltende und durchhaltende Zügelhilfen auch in schwierigen Lektionen.

Die „Schlüsselübungen“ dazu sind die Paraden. Sie sind zugleich der Prüfstein für das durchlässige Pferd und versetzen uns in die Lage, die Bewegungen und das Tempo des Pferdes ohne Widerstand zu verkürzen und zu verstärken. Wir unterscheiden halbe und ganze Paraden. Die ganze Parade dient dazu, das Pferd zum Halten zu bringen, vorbereitet durch eine oder mehrere halbe Paraden – je nach Durchlässigkeit des Pferdes und Können des Reiters –, gleichgültig aus welcher Gangart. Halbe Paraden haben den Zweck, das Pferd in eine niedrigere Gangart zu versetzen, das Tempo innerhalb einer Gangart zu regeln und zu verkürzen sowie – mit fortschreitender Ausbildung – den Takt und die Haltung des Pferdes während des Ganges zu erhalten bzw. zu verbessern (beginnende Versammlung).

01 So geht es nicht!

02 Garant für eine feinfühlige Zügeleinwirkung: die korrekte Handhaltung

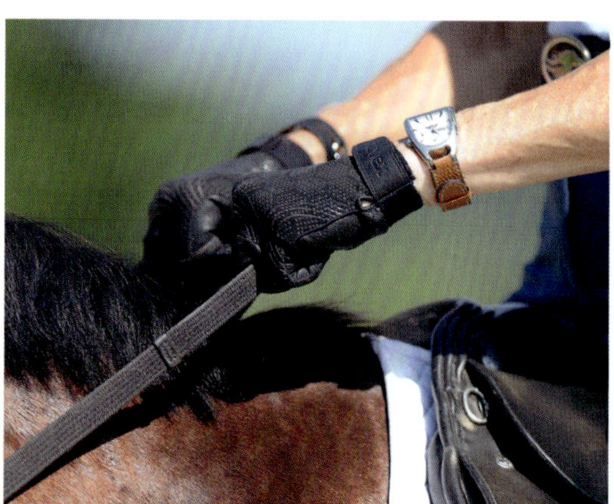

01

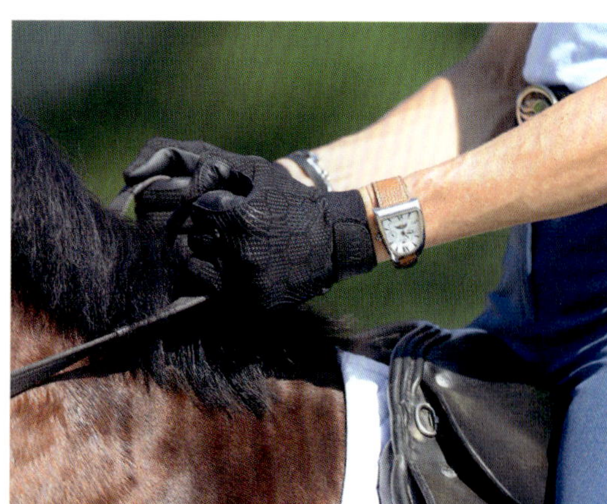

02

DIE HALBE PARADE

Die halbe Parade wird am häufigsten angewendet. Der Reiter sollte sie jedes Mal geben, bevor er dem Pferd eine neue Lektion/Übung abverlangt, z. B. die Richtung oder das Tempo ändert. Bei jeder Gelegenheit, die die Aufmerksamkeit des Pferdes anregen soll, ist eine halbe Parade angebracht, gleichsam als Kommando: „Achtung, pass auf!“, wie es Müseler in seiner „Reitlehre“ treffend ausdrückt.
Vor dem Durchreiten einer Ecke (besonders nach Tempoverstärkungen), einer Wendung, einer Volte, vor dem Antraben, dem Zulegen, dem Angaloppieren, vor dem Anreiten gegen Cavaletti oder gegen ein Hindernis – immer wieder ergibt sich die Gelegenheit für halbe Paraden. Hierbei erfüllt die halbe Parade die Funktion, die Hinterhand zum vermehrten Untertreten unter den Schwerpunkt und damit zur vermehrten Lastaufnahme zu aktivieren und das Nachgeben im Genick zu kontrollieren.
Wie bringt man dem jungen Pferd halbe Paraden bei? Sicherlich nicht durch Ziehen am Zügel. Die Hilfen zur Parade bestehen aus dem Zusammenwirken von Gewichts-, Schenkel- und Zügelhilfen. Der Reiter spannt sein Kreuz an und treibt das Pferd mit beiderseitigem, gleichmäßigem Schenkeldruck an die ruhig stehende Hand heran.
In diesem Augenblick nimmt der Reiter (z. B. im Trab) beide Zügel gleichmäßig an und gibt danach vermehrt mit der inneren Hand wieder nach. Dies macht er, sobald er spürt, dass das Pferd mit der Hinterhand mehr Last aufnimmt, sich (z. B. im Galopp) setzt und dadurch nach und nach hinten tiefer wird. Das ist der Idealfall. Die halben Paraden (Gewichts-, Schenkel- und Zügelhilfen) werden bei jüngeren Pferden gelegentlich auch etwas deutlicher sichtbar gegeben. Ein leichtes Beispiel für halbe Paraden ist der Wechsel von Trab zu Schritt und umgekehrt, ein schwieriges Beispiel vom Schritt zum Galopp und besonders vom Galopp zum Schritt (ohne Trabtritte). Das Ziel der Ausbildung sollte aber sein: die Hilfengebung für das Pferd immer deutlicher, für den Zuschauer aber immer unmerklicher!
Bei jüngsten Pferden kann man das Reagieren auf halbe Paraden durch die Stimme sehr gut unterstützen. Wir können allerdings nicht damit rechnen, dass diese Wirkung in ihrem vollen Umfang schon nach kurzer Zeit erzielt wird. Es dauert längere Zeit, bis die halben Paraden vom Pferd richtig verstanden und willig angenommen werden. Der Reiter benötigt viel Erfahrung und Feingefühl, um das Zusammenwirken der Hilfen zu halben Paraden genau abzustimmen. Ein zu starkes Treiben mit den Gewichts- und Schenkelhilfen – besonders wenn der Reiter noch nicht wirklich zum Treiben kommt – bringt das Pferd möglicherweise zu stark auf die Reiterhand, sodass der Moment des Nachgebens leicht verpasst werden kann und der Reiter dann ins Ziehen gerät. Sollte das Pferd nach dem Treiben die annehmende Zügelhilfe nicht respektieren und versuchen, sich aufs Gebiss zu legen, gibt der Reiter gefühlvoll nach und setzt – am besten auf dem Zirkel – erneut mit den Hilfen an.

MAN GIBT HALBE PARADEN, UM

— Gangart und Tempo des Pferdes zu regulieren und zu verringern,
— die Haltung zu kontrollieren,
— eine neue Lektion/Übung vorzubereiten,
— die Versammlung des Pferdes zu erreichen, zu verbessern und zu erhalten.

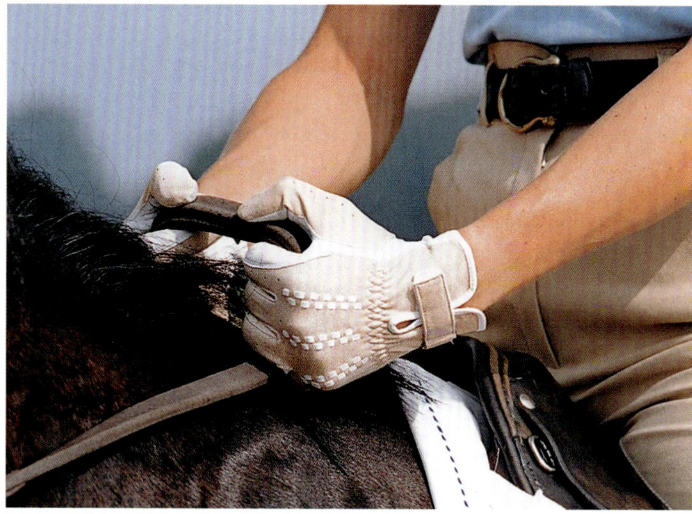

Die Zügelbrücke fördert die ruhige und aufrechte Handhaltung sowie die gleichmäßige Zügelführung.

ANNEHMEN UND NACHGEBEN

„Auf jedes Annehmen folgt ein Nachgeben!", hat mein Lehrmeister Major a. D. Paul Stecken immer wieder gepredigt. „Das Annehmen hat noch kein Reiter vergessen. Das Nachgeben schon."

Es ist wichtig, dem Pferd mit der Hand keine Stütze zu geben, wenn es sich auflegen und festmachen will. Die Reaktionen des Reiters müssen dem gefühlvoll und schnell zuvorkommen. Er muss durch weiches Wechseln von Nachgeben und Annehmen, verbunden mit Gewichts- und Schenkelhilfen, das Pferd zur Aufgabe des Widerstandes bringen. Gibt das Pferd nach, lässt es die Parade auch nur etwas durch, wird sofort gelobt. Nach kurzer Pause versuchen wir die Hilfengebung nochmals und loben, sobald wir (besonders bei jüngeren Pferden) einen noch so geringen Erfolg verspüren. Das Pferd wird es uns danken und uns von Mal zu Mal mehr für unsere Geduld belohnen. Eines der Geheimnisse im Umgang mit dem Pferd ist nämlich seine Bereitschaft, den Hilfen des Reiters zu folgen, wenn sie ihm nur geduldig genug und zur rechten Zeit beigebracht werden.

Je feiner die halbe Parade im Laufe der weiteren Ausbildung abgestimmt wird, desto größer wird der Einfluss des Reiters auf das Pferd, desto schöner wird die Harmonie zwischen Reiter und Pferd. Von entscheidender Wichtigkeit ist hierbei ein weiches Handgelenk. Bei fortschreitender Ausbildung können das Anspannen des Kreuzes und bereits ein leichtes Eindrehen der Handgelenke als Hilfe für die halbe

PARADEN SIND DAS GEHEIMNIS DER KLASSISCHEN REITEREI

Je häufiger, gefühlvoller und unsichtbarer der Reiter seinem Pferd eine halbe Parade geben kann, desto leichter lernt es, seinen Schwerpunkt zu verlagern, und umso leichtfüßiger und geschmeidiger kann es sich bewegen.

Parade genügen. Für den Zuschauer ist dies kaum noch wahrnehmbar. Er sieht nur die Veränderung im Erscheinungsbild des Pferdes – die Veränderung in der Haltung, im Tempo, in der Gangart oder in den Lektionen. Dann kann Reiten zur Kunst werden.
Eine Hilfestellung zum Erlernen der ruhigen und aufrechten Handhaltung kann zwischendurch immer wieder die Zügelbrücke sein. Dabei laufen beide Zügel durch beide Reiterhände und fixieren sich somit gegenseitig. Im Springparcours und im Gelände gibt sie zusätzlich Halt und Sicherheit, da sich der Reiter damit auf dem Hals abstützen kann.

DIE GANZE PARADE

Im ersten Ausbildungsjahr üben wir ganze Paraden nur aus dem Schritt und Trab. Die ganze Parade wird durch eine oder mehrere halbe Paraden vorbereitet. Die Anzahl der halben Paraden richtet sich nach der Durchlässigkeit des Pferdes und dem Können des Reiters. Ansonsten ist die Hilfengebung für beide Paraden gleich. Ist das Pferd zum Halten

Wenn ein junges Pferd nicht geschlossen steht, wird dies zu Beginn der Ausbildung nicht korrigiert.

Deutliche Hankenbeugung bei der Parade zum Halten

gekommen, muss der Reiter die annehmende Zügelhilfe beendet haben und mit der Hand weich werden (weil sonst das Pferd leicht auf die Vorhand, hinter die Senkrechte, gegen die Hand oder sogar rückwärts gehen kann).

Er muss jetzt darauf achten, dass das Pferd still steht und alle vier Beine gleichmäßig belastet. Dazu entspannt der Reiter seine Gewichtshilfe, die zur Parade führte. Grundsätzlich sollte das Pferd dazu erzogen werden, dass es mindestens vier bis fünf Sekunden unbeweglich und geschlossen steht (Grundvoraussetzung zum Grüßen, vor dem Rückwärtsrichten, vor der Hinterhandwendung usw.).

Der Reiter bleibt in der Senkrechten sitzen, verhindert mit Gewichts- und Schenkelhilfen, dass die Hinterbeine zurücktreten, und fordert das Pferd auf, ein etwa zurückgestelltes Hinterbein (oder gar beide) heranzuholen. Sobald das Pferd dazu bereit ist, den Hals zu entspannen, geht die Reiterhand vor, behält aber leichte Verbindung zum Maul, um Unruhe in Hals- und Kopfstellung zu verhindern und die Genickkontrolle zu sichern. Anfangs sollte die ganze Parade auf dem Hufschlag erfolgen, um durch die Bandenanlehnung das Halten zu erleichtern. Sollte ein jüngeres Pferd nicht ganz geschlossen halten, muss dies zu Beginn der Ausbildung nicht unbedingt verbessert werden. Wenn aber beispielsweise ein Hinterbein deutlich herausgestellt ist, muss das Pferd durch einen Schritt nach vorne geschlossen hingestellt werden. Wir sollten dem Pferd anfangs gestatten, die Bewegung über ein bis zwei Schritt-Tritte auslaufen zu lassen. Nach und nach verbessern wir dies, bis wir in der Lage sind, genau an einem vorgeschriebenen Punkt zu halten. Dann ist das Ziel erreicht.

Geschlossenes Stehen

RÜCKWÄRTSRICHTEN

Da Rückwärtsrichten eine versammelnde Lektion ist, gehört sie normalerweise nicht zum ersten Ausbildungsjahr, sondern in der Regel an den Anfang des zweiten Ausbildungsjahres. Der Vollständigkeit halber soll die Lektion aber an dieser Stelle mit erklärt werden.
Das Rückwärtsrichten dient zur Verbesserung der Durchlässigkeit, des Gehorsams und der Versammlung. Es ist eine für das Pferd eher unnatürliche Lektion, weshalb es gelegentlich auch als Strafe angewandt werden kann. Die Fußfolge ist diagonal wie beim Trab. Wir üben das Rückwärtsrichten mit dem jungen Pferd erst dann, wenn die ganzen Paraden aus dem Schritt und Trab sicher gelingen. Es muss also schon ein bestimmtes Maß an Durchlässigkeit vorhanden sein. Wenn das Pferd noch nicht durch Paraden gelernt hat, mit der Hinterhand vermehrt Gewicht aufzunehmen, begreift es auch die Hilfen zum Rückwärtsrichten noch nicht. Das soll nicht heißen, dass ein jüngeres Pferd nicht rückwärts gehen kann. Wir beobachten gerade bei Widersetzlichkeiten, dass sich junge Pferde durch „Zurückkriechen“ der Einwirkung des Reiters zu entziehen versuchen. Im Normalfall weichen junge Pferde jedoch nicht nach rückwärts aus, sondern ergreifen die Flucht nach vorn.
Welche Hilfen geben wir, um das junge Pferd das Rückwärtsrichten zu lehren? Wir brauchen wieder die Kombination von Gewichts-, Schenkel- und Zügelhilfen. Ausgangspunkt ist das gerade, sicher am Zügel und geschlossen stehende Pferd. Wir geben dann mit Gewicht und Schenkel die gleichen Hilfen, die wir zum Anreiten anwenden. Beginnt das Pferd vorzutreten, folgt im selben Augenblick die leicht

Fußfolge beim Rückwärtsrichten

annehmende Zügelhilfe und veranlasst das Zurücktreten des entsprechenden diagonalen Beinpaares.

Die Schenkel werden zu Beginn des Rückwärtsrichtens verwahrend am Pferdeleib etwas zurückgelegt, um das gerade Rückwärtsrichten sicherzustellen und hierbei notfalls korrigierend eingreifen zu können. Außerdem erinnern sich die Pferde sehr schnell daran, dass das gefühlvolle Zurücklegen des Unterschenkels schon der Beginn des Rückwärtsrichtens ist. Die Zügelhilfe kann dadurch später deutlich geringer ausfallen. Sollte ein Pferd gar nicht rückwärtstreten wollen, verwenden Sie einen Halsring.

Für junge Pferde und solche mit schwachem Rücken wird das Rückwärtstreten erleichtert, wenn der Reiter nicht zu schwer einsitzt und den Pferderücken durch leichtes Vorneigen des Oberkörpers etwas entlastet. Die erste treibende Hilfe zur Einleitung des Rückwärtsrichtens wird dann fast nur mit den Schenkeln gegeben.

KEIN RÜCKWÄRTS OHNE VORWÄRTS

Das Rückwärtsrichten beginnt mit den treibenden Hilfen, erst danach kommen die Zügelhilfen.

Bei Pferden, die Schwierigkeiten hatten, die Hilfen zum Rückwärtsrichten zu verstehen, sich im Genick festmachten, habe ich schließlich folgende Methode erfolgreich ausprobiert: Ich gebe Hilfen, als wollte ich eine Vorhandwendung ausführen. In dem Augenblick, in dem das Pferd dann den inneren Hinterfuß hebt, nehme ich den gleichseitigen Zügel an. Dadurch wird das Rückwärtstreten zwar etwas schief, aber der Widerstand, den mir das Pferd im Genick und durch nach hinten

Ruhiges, geschlossenes Stehen vor dem Rückwärtsrichten

herausgestemmte Hinterbeine entgegengesetzt hatte, ist verhindert. Grundsätzlich wird ein junges Pferd nach dem Rückwärtsrichten deutlich gelobt, damit es das Rückwärtsrichten nicht als Strafe empfindet. Wenn ein Pferd sich beim Üben des Rückwärtsrichtens deutlich widersetzt, gibt es auch die Möglichkeit, dass ein Helfer mit der Gerte gefühlvoll an die Vorderbeine klopft, um das Pferd zum Rückwärtsgehen zu bewegen. Dies kann gut gelingen, kann aber auch zu noch größerer Widersetzlichkeit führen. Die Möglichkeit, dass der Reiter absitzt und selbst mit der Gerte das Pferd durch Klopfen an die Vorderbeine zum Zurücktreten veranlasst, erscheint zusammen mit mehrfachem Loben die bessere Alternative zu sein.
Zu Beginn der Ausbildung wird eine bestimmte Trittzahl für das Rückwärtsrichten noch nicht verlangt. Wir sollten nicht mehr als eine Pferdelänge fordern, weil dies sonst vom Pferd leicht als Strafe empfunden werden kann. Eine Pferdelänge sind üblicherweise drei bis vier Tritte. Man sollte vier Tritte anstreben, damit nachher nicht nur zwei Tritte übrig bleiben. Nach dem Rückwärtsrichten ist geschlossenes Halten erforderlich. Falls ein Hinterbein heraussteht, muss das Pferd durch Treiben und einen Schritt nach vorne geschlossen hingestellt werden. Vergessen wir nie: Lektionen sind kein Selbstzweck, sondern nur Mittel zum Zweck. Wir brauchen das Rückwärtsrichten zur Erhöhung der Durchlässigkeit sowie zur Verbesserung der Versammlung.

TEST

Trab – Halten – Rückwärts – Halten – Trab

Als wirkungsvolle Übung hat sich in der Praxis folgende Lektion herausgestellt:
Halten aus dem Trab, vier bis fünf Sekunden geschlossenes, ruhiges Halten, vorbereitende halbe Parade durch gefühlvolles Nachgeben, um das Genick weich (nachgiebig) zu machen, geringes Zurücklegen der Unterschenkel, um gerades Rückwärtsrichten zu sichern, nach drei bis vier Tritten geschlossenes Hinstellen, ggf. durch einen Schritt vorwärts, vier bis fünf Sekunden halten, danach durchlässiges Antraben ohne Schritt!

Diagonales Rückwärtstreten. Der Schenkel liegt hinter dem Gurt.

DIE GRUNDGANGARTEN
— *Veranlagung und Verbesserung*

FÖRDERUNG DER GRUNDGANGARTEN

GERADERICHTEN – NATÜRLICHE SCHIEFE DES PFERDES

Obwohl der wesentliche Teil des Geraderichtens erst im zweiten Ausbildungsjahr erfolgt, muss doch bereits im ersten Ausbildungsjahr der Grundausbildung das Geraderichten schon beachtet werden. Deshalb soll an dieser Stelle das Geraderichten vollständig besprochen werden. Wir haben das junge Pferd geduldig gelöst, den gleichmäßigen Ablauf/ Rhythmus der Bewegung beeinflusst, damit es im Takt geht. Der Gehorsam des Pferdes auf die vorwärts treibenden, seitwärts treibenden und verhaltenden Hilfen ist verbessert worden. Aus dem Aufbau der Grundausbildung wissen wir, dass wir noch ein Problem zu lösen bzw. zu verbessern haben, bevor wir die Grundgangarten optimal entwickeln und schon schwungvoll vorwärts reiten können: Wir müssen das Pferd weiter gerade richten. Das Pferd soll auf der geraden wie auf der gebogenen Linie mit den Hinterfüßen sicher in der Spur der Vorderfüße folgen. Eine gute Vorbereitung zum Geraderichten war schon das Reiten auf den gebogenen Linien, besonders der rund gerittenen Schlangenlinie, und das Tritte und Sprünge verlängern.

Dem steht die natürliche Schiefe des jungen Pferdes mehr oder weniger vom Gebäude her entgegen. Diese äußert sich in den meisten Fällen dadurch, dass z. B. der rechte Hinterfuß nicht in die Spur tritt, sondern nach rechts ausweicht. Das Pferd ist in der Regel von hinten rechts nach vorne links schief. Die Folge davon ist, dass das Pferd gegen den rechten Schenkel geht und den rechten Zügel nicht gerne annimmt. Im linken Zügel sucht es eine Stütze und fällt über die linke Schulter aus. Da der linke Hinterfuß durch mehr Gewichtsaufnahme besser entwickelt ist, galoppieren diese Pferde links von Natur aus leichter an und können deshalb mit diesem Fuß leichter Last aufnehmen als rechts. Aus diesem Grunde verweigern Pferde auch im Parcours und im Gelände öfter nach links. Bei einem in entgegengesetzter Richtung schief gehenden Pferd, was seltener vorkommt, sind die Verhältnisse genau umgekehrt.

Wie beachten wir die natürliche Schiefe des Pferdes und richten es gerade? Durch Reiten auf geraden Linien lässt sich die natürliche Schiefe weniger gut beseitigen. Das mag gehen, solange wir den Bewegungsablauf nur wenig beeinflussen und die Hinterhand noch nicht zur vermehrten Beugung veranlassen.

Übertreten lassen fördert die Geschmeidigkeit, besonders in den Rippenpartien.

Auf der rechten Hand führt der Reiter die Vorhand mit dem rechten Zügel nach rechts, um den rechten Vorderfuß auf die gleiche Linie wie den rechten Hinterfuß zu bringen. Der rechte Schenkel liegt etwas hinter dem Gurt und wirkt vorwärts-seitwärts treibend, um so das ausfallende rechte Hinterbein nach links zu treiben. Der linke Schenkel wirkt am Gurt vorwärts treibend und hält damit die Bewegung im Fluss. Die linke Hand hält verwahrend Anlehnung, um ein Ausfallen über die linke Schulter zu verhindern. Diese Übung ist das Andeuten von Schultervor rechts, wobei das Pferd nicht auf dem linken Zügel fest werden darf.

Dauerhaft lässt sich nach meinen Erfahrungen die natürliche Schiefe nur beseitigen, wenn z. B. schon durch systematische Arbeit auf dem Zirkel, das Reiten von Schlangenlinien, durch Übertreten lassen auf der offenen Zirkelseite und durch das Reiten der Acht an der kurzen Seite die beidseitige Geschmeidigkeit des Pferdes verbessert worden ist. Bei der Ausbildung meiner Pferde lasse ich mich mit Erfolg immer von folgendem Grundsatz leiten: Ich treibe mit den inneren Hilfen (innerer Gesäßknochen und Schenkel) an die äußeren verwahrenden Hilfen (äußerer Zügel und Schenkel) auf dem Zirkel und allen gebogenen Linien – dabei nicht in der Hüfte einknicken! Man reitet beispielsweise im Arbeitstrab auf der linken Hand auf dem Zirkel. Der linke innere Schenkel treibt das Pferd vermehrt gegen den ruhig anstehenden äußeren Zügel, bis das Pferd den Zügel annimmt und dadurch links innen durch Nachgeben weich wird. Oft gibt das Pferd diese Losgelassenheit durch Schnauben zu erkennen.

Es kann anfangs vorkommen, dass das Pferd nach vermehrtem Reiten auf dem Zirkel und auf gebogenen Linien am nächsten Tag unter dem Reiter etwas steif geht. Die ungewohnte Beanspruchung einer bisher wenig beanspruchten Muskulatur ergibt zwangsläufig Muskelkater, der aber nach einigen Tagen wieder abklingt. Wir erlangen eine stete Verbindung an den rechten (äußeren) Zügel. Das Gleiche gilt auf der rechten Hand für den linken äußeren Zügel. Das Pferd wird nach und nach in sich gerade. Ein weiches, gefühlvolles Nachgeben mit der jeweiligen inneren Hand vervollständigt die Anlehnung an den jeweiligen äußeren Zügel, ebenso das Vorwärtsreiten.

Eine ähnlich gelagerte Übung in der weiteren Ausbildung ist das Andeuten von Schulterherein – das wir „Schultervor" nennen – z. B. auf der linken Hand an der langen Seite, wobei die Halsabstellung nur wenig betont wird. Die innere Hand gibt möglichst oft gefühlvoll nach, damit die Anlehnung innen nicht fest wird und das Pferd deshalb nicht hinter die Senkrechte kommt. Die äußere Hand bleibt ruhig stehen. Dadurch wird die Anlehnung an den rechten (äußeren) Zügel verbessert und damit das Geradegehen. Die noch größere Wirkung können wir auch durch das Übertreten lassen an der offenen Zirkelseite im Trab erzielen. Wir benutzen dazu wieder die vermehrte Einwirkung des inneren Schenkels und des anstehenden äußeren Zügels. Durch das Hereinbringen der Vorhand nach innen geht das Pferd schenkelweichenartig auf vier Hufschlaglinien, evtl. später auch schulterhereinartig auf drei Hufschlaglinien.

Bin ich erst so weit fortgeschritten, dass ich durch diese Hilfen das Pferd in sich gerade richten kann, kommt der Zirkelarbeit und dem Reiten auf den gebogenen Linien erst ihre eigentliche Bedeutung zu. Wir können durch genaues Einhalten der gebogenen Linie das innere Hinterbein mehr belasten und damit zur stärkeren Beugung bringen. Das Maß der Belastung kann durch die Übung „Hereinreiten in den Zirkel" (auf einem Hufschlag) erhöht werden bis zur 10-m-Volte.

Wir sollten dies aber immer nur kurzfristig verlangen, den Zirkel bald wieder schenkelweichenartig vergrößern und danach Takt und Tempo an den langen Seiten durch Tritte verlängern auffrischen.
Oder: Beim Vergrößern auf einem Hufschlag, evtl. sogar im Leichttraben (zur Entlastung des Pferderückens), das Tempo dabei auffrischen. Man wird bald merken, welche Übung für das jeweilige Pferd wirkungsvoller ist.
Diese Übung – „Hereinreiten in den Zirkel auf einem Hufschlag und schenkelweichenartig wieder herausreiten" – gilt als eine der schwierigeren lösenden Übungen. Fälschlicherweise wird diese Übung häufig verwechselt mit den überlieferten Begriffen „Zirkel verkleinern und vergrößern", die grundsätzlich als versammelnde Lektionen gelten und traversartig beim Verkleinern und schulterhereinartig beim Vergrößern geritten werden. Die einseitige Belastung des inneren Hinterfußes könnte sonst sehr schnell zu Überanstrengungen führen.
Darüber hinaus müssen wir darauf achten, dass wir die Lebhaftigkeit und den Raumgriff des Trabs weiter verbessern. Wir wollen das Pferd besonders auch durch anschließendes Vorwärtsreiten gerade richten, um Ausdruck und Raumgriff der Bewegungen zu fördern. Es lässt sich nicht leugnen, dass bei der Arbeit auf dem Zirkel und den gebogenen Linien, mit dem Ziel, die inneren treibenden gegen die äußeren verwahrenden Hilfen (innerer Gesäßknochen und innerer Schenkel gegen

Immer wieder frisch nach vorne – so wird die Bewegung ausdrucksvoller und die Anlehnung sicherer.

äußeren Schenkel und äußeren Zügel – dabei nicht in der Hüfte einknicken) durchzubringen, der Schwung der Bewegungen vorübergehend beeinträchtigt werden könnte. Mit diesem vorübergehenden kleineren Mangel vermeiden wir einen größeren Fehler – nämlich schief zu gehen.

Aber wir sollten dies überlegt tun. Wir werden umso mehr dazu angehalten, nach kurzen Reprisen z. B. auf dem Zirkel, beim Reiten von Schlangenlinien und der Acht wieder auf gerade Linien zu gehen, die Tritte zu verlängern und den Takt und das Tempo aufzufrischen. Dieses Vorwärtsreiten sollte auf der linken Hand erfolgen, da das rechte (bisher nicht unter das Gewicht tretende) Hinterbein durch die Begrenzung der Bande nicht ausweichen kann. Durch das Leichttraben kann das Pferd leichter von hinten durchschwingen, da der Reiter den Rücken entlastet. Das Pferd wird beim Einsitzen durch die treibenden Hilfen aktiviert, vorwärts zu treten, ohne das volle Reitergewicht tragen zu müssen.

Ein Beispiel zum Verbessern der Schiefe im Galopp: Ein Pferd, das auf der linken Hand an der langen Seite mit der Hinterhand in die Bahn kommt, also sich schief macht, kann man nach sorgfältigem Durchreiten der Ecke deutlich nach innen stellen, besser noch leicht schulterhereinartig, und dann erst treiben. Dadurch wird die Hinterhand aktiviert, vermehrt Gewicht aufzunehmen und gerade unter den Schwerpunkt zu springen.

Der natürlichen Schiefe des Pferdes wird z. B. durch Übertreten an der offenen Zirkelseite begegnet.

Auch das Reiten auf gebogenen Linien fördert das Geraderichten.

VERBESSERUNG DER GRUNDGANGARTEN

Wir haben die Voraussetzungen geschaffen, das nächste Ausbildungsziel angehen zu können: Wir wollen nach ca. einem Jahr das taktmäßig, losgelassene und in weicher Anlehnung gehende Pferd, welches schon gerade gerichtet ist, in seinem natürlichen Schwung bei insgesamt genügender Durchlässigkeit weiter bis zur Versammlung fördern. Dem dürfte nun nichts Besonderes mehr im Wege stehen – außer der naturgegebenen Veranlagung. Wir wollen uns nichts vormachen: Nicht jedes Pferd ist in der Lage, in allen drei Grundgangarten gute Noten zu erzielen. Das hängt vom Gebäude, von den inneren Eigenschaften des Pferdes und vom Können des Reiters ab. Viele gut veranlagte Pferde könnten sich in den Grundgangarten ausdrucksvoller präsentieren, wenn sie von ihren Reitern besser unterstützt würden. Ein guter Pferdemensch kann dem ungerittenen Pferd schon beim Freilaufen ansehen, welche Entwicklungsmöglichkeiten in einer Veranlagung stecken. Ich habe durch systematische Ausbildung schon manches Pferd zu guten Erfolgen gebracht, die ihm anfangs kaum anzusehen waren. Hier kann man bei richtiger Arbeit häufig angenehme Überraschungen erleben, sofern die inneren Eigenschaften des Pferdes, nämlich Temperament, Gehfreude, Gelehrigkeit, Leistungsbereitschaft und Leistungsvermögen, stimmen.

NATÜRLICHE GANGARTEN

Grundsätzlich sind Schritt und Galopp die natürlichen Gangarten des Pferdes. Das Urpferd nahm im Schritt die Nahrung auf und flüchtete – wenn notwendig – im Galopp. So ist der Trab die am wenigsten naturgegebene Gangart und kann besser positiv beeinflusst werden. Schritt und Galopp müssen daher von Natur aus genügend qualitätsvoll sein.

Ausdrucksvoller Trab bei weicher Anlehnung in guter Selbsthaltung

TRAB

Der Trab ist eine setzende Bewegung. Damit ist gemeint, dass das Pferd im Trab die Füße (besonders hinten) deutlich anheben und nach vorne setzen soll. Das Gegenteil der setzenden Bewegung ist das schleppende Abfußen, wenn z. B. ein Pferd mit den Zehen der Hinterhufe Furchen durch den Sand zieht. Das Pferd soll im Zweitakt raumgreifend und schwungvoll traben. Im Zweitakt ist ein Pferd, wenn es in diagonaler Fußfolge zeitgleich auf- und abfußt. Von Raumgriff sprechen wir, wenn das Pferd besonders in den Trabverstärkungen viel Boden gewinnt. Unter Schwung versteht man, wenn das Pferd bei schwingendem Rücken und vortretenden Hinterbeinen entsprechende Schulterfreiheit entwickeln kann.

Fußfolge

1. Linker Vorderfuß/rechter Hinterfuß
2. Rechter Vorderfuß/linker Hinterfuß

Kriterien im Trab

— Setzende Bewegung
— Zweitakt
— Raumgreifend
— Schwungvoll

Fußfolge im Trab

Mit dieser Gangart beschäftigen wir uns in der Grundausbildung am meisten. Das liegt daran, dass der Trab durch den einfachen Bewegungsablauf des Zweitaktes weniger Fehlerquellen enthält. Wir unterscheiden im Trab vier Tempi:

— Arbeitstrab
— versammelten Trab
— Mitteltrab
— starken Trab

In der Grundausbildung widmen wir uns insbesondere dem Arbeitstrab und dem Mitteltrab. Im Arbeitstrab liegt das Tempo normalerweise etwas höher als das Tempo, welches vom Pferd angeboten wird. Der Reiter erhält die Frische der Bewegungen durch gefühlvolles Treiben und spornt das Pferd so zur Arbeit an, ohne dass der Trab eilig wird. Es gibt aber auch Pferde, vor allem solche mit hohem Blutanteil, die übereifrig sind. Bei diesen wirkt der Reiter nicht treibend, sondern beruhigend ein, um einen taktmäßigen und zwanglosen Bewegungsablauf zu erreichen. Der Reiter verfolgt hier also eher die Tendenz, das Pferd zu einem etwas ruhigeren Abfußen und dafür zu größeren und raumgreifenderen Bewegungen zu veranlassen. Als Hilfsmittel kann man dazu die Cavaletti-Arbeit mit einbeziehen, indem man das Pferd im Leichttraben in ruhigem Tempo über Bodenricks reitet.

Schwungvoller Trab in frischem Tempo

Schaut man auf die Hufspuren des Pferdes, so sollen im Arbeitstrab die Hinterfüße möglichst in die Abdrücke der Vorderhufe treten. Die Entwicklung des Ganges erfolgt im Arbeitsteil der Reitstunde. Wir müssen also durch Lösen den Zustand der Zwanglosigkeit erreichen, in welchem das Pferd taktmäßig und losgelassen geht. Nachdem wir die Zügel „aus der Hand kauen lassen", legen wir eine kurze Schrittpause ein, in der die Zügel hingegeben werden. Danach nehmen wir die Zügel auf und traben an. Bisher trabten wir leicht, jetzt sitzen wir aber aus, um mit den Gewichtshilfen besser einwirken zu können. Der weitere Ablauf ergibt sich aus dem Programm, welches wir uns an diesem Tag für den Arbeitsteil der Reitstunde vorgenommen haben. Wir sollten in den ersten Wochen nach dem Anreiten des jungen Pferdes weniger zum Aussitzen kommen. Dazu warten wir, bis die Rückenmuskulatur locker und kräftig genug ist. Wir hüten uns auch davor, zu früh den Mitteltrab zu üben. Besser ist, am Ende der Stunde nur die Tritte zu verlängern. Mitteltrab steht erst auf dem Programm, wenn das Pferd sich beim Aussitzen nicht mehr festhält und halbe Paraden durchlässt, sodass wir es vor der Verstärkung genügend im Tempo zurückführen können. Voraussetzung für den Mitteltrab ist, dass aus dem versammelten Trab nun der erforderliche Schwung für den Mitteltrab entwickelt werden kann. Anfangs genügt die Verstärkung zum frischen Arbeitstrab.

TRAUEN SIE SICH!

Ohne etwas zu fordern, kommen wir mit der Entwicklung des Trabes nicht weiter.

Schwungvolles Tritte verlängern

Am Schluss der Stunde können wir an den langen Seiten im Leichttraben mehr zulegen und an den kurzen Seiten das Tempo vermehrt zurückführen. Wir nennen diese Übung „Tritte verlängern“. Dabei führen das kräftigere Abfußen und Durchtreten der Hinterbeine zu mehr Schwungentfaltung und zu größerer Trittlänge.

Wir sollten in dieser Phase besonders darauf achten, dass die Tritte nicht eiliger werden. Sollte das der Fall sein, müssen wir das Tempo durch eine oder mehrere halbe Paraden sofort wieder zurückführen und neu beginnen.

Wir dürfen dies ruhig ein paar Mal wiederholen, um herauszufinden, ob uns das Pferd lediglich falsch verstanden hat oder deswegen eilt, weil die Muskulatur noch nicht kräftig genug ist und der Rücken nicht locker bleibt, um im gewünschten Maße raumgreifendere Tritte zu erhalten. Das Gefühl des Reiters muss das Maß des schwungvollen Vorwärtsreitens bestimmen (z. B. Zulegen an der ersten langen Seite etwas weniger, an der zweiten langen Seite etwas mehr – dabei unbedingt den Takt erhalten – und an der dritten langen Seite erfühlen, was bereits möglich ist).

Wir beenden das Zulegen mit der Übung Zügel-aus-der-Hand-kauen-lassen. Dazu gehen wir auf den Zirkel, führen das Tempo durch eine oder zwei halbe Paraden etwas zurück, öffnen die Fäuste und gestatten dem Pferd – ohne das Treiben zu vergessen –, die Zügel allmählich aus der Hand zu kauen. Jedes Pferd, das einige Zeit durchs Genick gegangen ist, hat das Verlangen, die etwas ermüdeten Halsmuskeln zu dehnen. Kaut das Pferd die Zügel aus der Hand, indem es den Hals nach vorwärts-abwärts dehnt (nicht ruckartig streckt), sich also entspannt und den Rücken lockert und aufwölbt, kann der Reiter zufrieden sein. Er kommt zum Sitzen und zum Treiben. Verkriecht sich das Pferd hinter dem Zügel und macht keine Anstalten, den Hals vorwärts-abwärts zu dehnen, war der Rücken nicht locker und die Arbeit falsch. Der Reiter hat versäumt, dem Pferd beizubringen, die Anlehnung nach vorn an das Gebiss zu suchen. Der Rücken des Pferdes ist fest geblieben. An den folgenden Tagen muss der Reiter seine ganze Aufmerksamkeit darauf richten, sein Pferd im Rücken zu lockern und ehrlich an das Gebiss heranzutreiben.

Versucht das Pferd, bei der Übung Zügel-aus-der-Hand-kauen-lassen die Zügel mit einem Ruck aus der Hand zu ziehen, deutet dies darauf hin, dass der Reiter sein Pferd mit zu starker Handeinwirkung im Hals zusammengezogen hat und mit der Hand nicht weich und gefühlvoll war. Ebenso falsch wäre es, wenn das Pferd beim „Rauskauen“ eiliger wird und den Hals deutlich anhebt. Dann kommt der Reiter nicht zum Treiben.

Nach dem Zügel-aus-der-Hand-kauen-lassen beenden wir diesen Arbeitsteil der Stunde oder legen zumindest eine kurze Schrittpause mit hingegebenen Zügeln ein, bevor wir mit anderen Übungen z. B. im Galopp fortfahren.

Der Mitteltrab ist die Weiterentwicklung der Übung „Tritte verlängern" und sollte stets schon aus einer bestimmten Versammlung heraus entwickelt werden. Er ist gekennzeichnet durch schwungvolle, längere Tritte in erweitertem Rahmen. Das Pferd soll sich dehnen und Boden gewinnen. Der Schwung wird ausgelöst durch kraftvolles Beugen und Strecken von Hüft-, Knie- und Sprunggelenken (Hanken). Diese leiten den Fluss (Schwung) der Bewegung über den lockeren Rücken nach vorn über die gut bemuskelte obere Halslinie durch das nachgebende Genick und das weiche Maul in die Reiterhand. Das ist der Weg der Parade! Über die halben Paraden werden so Tempo, Schwung, Anlehnung, Haltung und Durchlässigkeit des Pferdes reguliert. Je größer die Schwungentfaltung, desto mehr richtet sich das Pferd auf, die Hinterhand senkt sich etwas, und Hals und Kopf werden höher getragen. Die Stirnlinie steht an oder je nach Halsform auch leicht vor der Senkrechten. Die Entwicklung des starken Trabes setzt später einen noch höheren Grad an Rittigkeit und Versammlung voraus. Logischerweise sollte der starke Trab während der Grundausbildung

PRÜFSTEIN: ZÜGEL-AUS-DER-HAND-KAUEN-LASSEN

An der Art und Weise, wie das Pferd die Zügel aus der Hand kaut, kann man erkennen, ob die vorangegangene Arbeit richtig und wertvoll war.

Zügel-aus-der-Hand-kauen-lassen: Schlüssellektion für das Überprüfen der Losgelassenheit

Fleißiges Abfußen der Hinterbeine beim Tritte verlängern

Beginnende Versammlung

des jungen Reitpferdes nicht geübt werden, da Mittel- und starker Trab in der Regel aus der Versammlung entwickelt werden. Wir wollen gleichwohl die Merkmale des starken Trabes beschreiben, um damit das Bild abzurunden:

Der starke Trab ist die höchste Steigerung der Vorwärtsbewegung im Trab. Er zeigt den höchstmöglichen Schwung bei besonderer Einwirkung des Reiters im Treiben.

Voraussetzung dafür ist allerdings der voll entwickelte versammelte Trab. Wir bezeichnen den starken Trab als Glanzpunkt und Endergebnis planmäßiger und allseitiger Gymnastizierung und Ausbildung des Pferdes. Der lockere Rücken, der den Reiter mitschwingen lässt, ist eine unerlässliche Voraussetzung für korrekten starken Trab.

Den versammelten Trab wollen wir am Anfang der Grundausbildung des jungen Pferdes ebenfalls noch nicht entwickeln. Die beginnende Versammlung steht am Ende der Grundausbildung. Sie setzt Losgelassenheit und Durchlässigkeit des Pferdes voraus. Wir brauchen für die Grundausbildung nur den Beginn der Versammlung, soweit wir sie durch halbe Paraden erreichen. Die halben Paraden sollten aber, wenn sie im Trab gegeben werden, durch gefühlvolles Nachgeben besonders der inneren Hand und Vortreiben mit Gewicht und Schenkeln in Schwungentfaltung nach vorn umgesetzt werden. Das verbessert die Muskelbildung für die weitere Versammlung weit mehr, als wenn wir versuchen würden, im verkürzten Tempo zu bleiben und daraus den versammelten Trab zu entwickeln. Erhabenes, lebendiges Abfußen mit gesenkter Hinterhand bei weniger Raumgriff und höherer Aufrichtung des Halses sind die besonderen Merkmale des versammelten Trabes.

GALOPP

Der Galopp ist eine springende Bewegung und die schnellste Gangart des Pferdes. Das Pferd soll im Dreitakt raumgreifend und schwungvoll galoppieren. Eine springende Bewegung ist erreicht, wenn sich das Pferd einen Moment deutlich vom Boden abhebt (möglichst jetzt schon „bergauf" galoppiert). Das Gegenteil wäre ein kurzer, eiliger Galoppsprung ohne Ausdruck. Raumgreifend ist ein Galopp, wenn ein Pferd dadurch viel Boden gewinnt und bei lockerem Rücken mit gesenkter Hinterhand schwungvoll, energisch vorwärts-aufwärts springt. Je nachdem, welches seitliche Beinpaar vorgreift, unterscheiden wir den Rechts- und den Linksgalopp. Der Hufschlag des Pferdes erklingt im Dreitakt. Danach schließt sich kurz die sogenannte Schwebephase an, in der sich das Pferd mit allen vier Beinen in der Luft befindet. Der Bewegungsablauf des Galopps ist folgender:

Losgelassenes Galoppieren im leichten Sitz in Dehnungshaltung

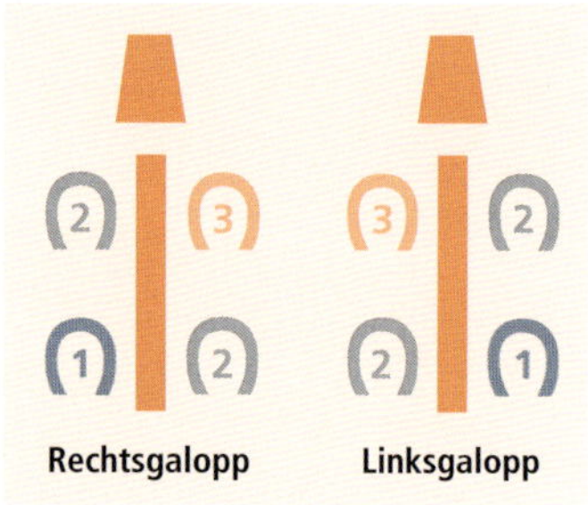

Fußfolge im Galopp

Fußfolge

1. Äußerer Hinterfuß
2. Innerer Hinterfuß und äußerer Vorderfuß
3. Innerer Vorderfuß
4. Schwebephase

Kriterien im Galopp

— Springende Bewegung
— Dreitakt
— Raumgreifend
— Schwungvoll (energisch vorwärts-aufwärts)

Wir unterscheiden beim Galopp den versammelten, Arbeits-, Mittel- und starken Galopp. Geht hierbei der Takt verloren, was gelegentlich im falsch verkürzten Galopp zu beobachten ist, spricht man von fehlerhaftem Viertaktgalopp.

Fußfolge im Viertaktgalopp

1. Äußerer Hinterfuß
2. Innerer Hinterfuß
3. Äußerer Vorderfuß
4. Innerer Vorderfuß

Schwungvolles Galoppieren auf gerader Linie

Der richtig ausgeführte Galopp hingegen zeichnet sich durch schwungvolles Abfußen mit deutlicher Schwebephase aus. Dadurch wird der markante Galoppsprung erzielt, der die Bewegung erst lebhaft und schön werden lässt. In den vorangegangenen Kapiteln wurden Übungen im Galopp bewusst weniger behandelt, weil diese erst dann vermehrt verlangt werden sollten, wenn der Reiter das Pferd im Trab genügend an den Hilfen gefestigt hat.
Wie galoppiert man an? Man geht im Arbeitstrab auf einen großen Zirkel und gibt zur geschlossenen Seite der Bahn eine vorbereitende halbe Parade. Dann verlegt der Reiter sein Gewicht nach innen, indem er die innere Hüfte vorschiebt und den inneren Bügel gut austritt.
In der nächsten Phase legt der Reiter den äußeren Schenkel etwas zurück und nimmt den inneren Zügel leicht an. Danach lässt er durch energisches Vordrücken des inneren Gesäßknochens, verbunden mit einem Anspannen der Rückenmuskulatur, Druck beider Schenkel (der innere am Gurt, der äußere etwa eine Handbreit hinterm Gurt) und gefühlvollem Nachgeben der inneren Hand, den Galoppsprung heraus. Das Ganze ist ein Vorgang von ein bis zwei Pferdelängen oder zwei bis drei Sekunden.
Es ist ratsam, mit einem sehr jungen Pferd – wenn es nicht unruhig wird – eine etwas längere Galoppreprise zu reiten (etwa fünf bis sechs Runden auf dem Zirkel), weil es anfangs noch Schwierigkeiten haben kann, sich mit dem Reitergewicht auszubalancieren. Zum Durch-

Das Pferd galoppiert mit guter Lastaufnahme in relativer Selbsthaltung.

parieren stellen wir die Galopphilfen ein, lassen das Pferd in den Trab fallen. Man kann nach einigen Trabtritten auch zum Schritt durchparieren, die Zügel hingeben und das Pferd loben, bevor wir erneut in den Trab übergehen und das Angaloppieren wiederholen oder auf der anderen Hand üben.

Den Übergang zum Galopp aus dem Trab üben wir mehrmals hintereinander und gehen dann vom Zirkel ganze Bahn, um die Galoppsprünge frei herauszulassen. Dabei geben wir Hilfen, als wollten wir angaloppieren, um keine Unsicherheiten im Fleiß der Galoppbewegung aufkommen zu lassen. Wir dürfen nicht überrascht sein, wenn das junge Pferd einmal falsch angaloppiert. Wir wissen, dass die meisten Pferde eine starke und eine schwache Seite haben. In der Regel fällt dem jungen Pferd der Linksgalopp leichter, weil der linke Hinterfuß durch die natürliche Schiefe leichter Last aufnehmen kann.

Wir üben deshalb erst die Hilfengebung auf der leichteren Seite (und richten, so gut es schon geht, das Pferd gerade), bevor wir den Galopp auf der schwierigeren Seite verlangen. Außerdem prüfen wir uns selbst, ob wir beim Angaloppieren die richtigen Hilfen gegeben haben oder vielleicht in der Hüfte eingeknickt sind.

Mit fortschreitender Ausbildung verfeinern wir die Galopphilfen. Wir benötigen zum Schluss nur noch die einseitige Gewichtseinwirkung mit Druck in den Absatz, um das Angaloppieren zu erzielen.

Im Galopp tritt die natürliche Schiefe im Allgemeinen sichtbarer auf

Weites Unterspringen des inneren Hinterfußes

als im Trab. Darum muss der innere Schenkel gut vortreiben, sobald das Pferd auf die Hilfe angaloppiert ist. Durch längeres Galoppieren lässt sich der Galoppsprung wenig fördern. Das Pferd ermüdet leicht und kann an Schwung verlieren. Die Erfahrung hat gezeigt, dass sich der Galoppsprung am besten durch häufige Übergänge vom Trab zum Galopp auf dem Zirkel verbessern lässt. Darunter versteht man, dass der Reiter nach dem Lösen etwa ein bis zwei Zirkelrunden trabt und zwei bis drei Runden galoppiert. Bei zunehmender Losgelassenheit und Durchlässigkeit werden die Trab- und Galoppreprisen verkürzt, um durch häufigere Übergänge das junge Pferd im Galopp zu verbessern. Im günstigsten Fall wären dies ca. eine halbe Runde Trab und eine halbe bis eine Runde Galopp. In diesem Stadium der Ausbildung ist das Pferd noch nicht so weit gefördert, dass wir den Galoppsprung durch halbe Paraden innerhalb des Galopps schon versammeln und verbessern können.

Dieser große Durchbruch kommt erst, wenn die Durchlässigkeit so weit fortgeschritten ist, dass wir z. B. Galoppvolten und Übergänge vom Galopp zum Schritt und umgekehrt üben können. Das setzt den Galoppsprung und bringt in der weiteren Ausbildung die Hinterhand vermehrt zur Gewichtsaufnahme (wertvoll auch für das Aufnehmen im Parcours und für das Reiten im Gelände).

Geht das Pferd losgelassen und in Selbsthaltung im Arbeitsgalopp, steigern wir das Tempo auf den langen Seiten durch Sprünge verlängern bis zum Mittelgalopp. Es werden längere und raumgreifendere Galoppsprünge verlangt. Die Bewegung soll nicht flach, sondern bergauf sein, also mit tieferer Kruppe. Das ist normalerweise nur im Dressursitz erreichbar. Wir kennen darüber hinaus den frischen Arbeitsgalopp im leichten Sitz, den wir vorwiegend im Gelände reiten und bei dem das Pferd etwas tiefer eingestellt ist.
Zur Kräftigung der Rückenmuskulatur ist ruhige Galopparbeit sehr zu empfehlen. Mein Vater hatte dazu im Reiterverein St. Georg Münster eigens eine Galoppierbahn um den Reitplatz angelegt, sodass er seine Pferde auf langen Linien besser lösen konnte. Ich habe die Erfahrung gemacht, dass die Bewegungen im Trab und vor allem im Galopp größer und raumgreifender geritten werden können, wenn man die Gelegenheit wahrnimmt, zum Lösen und Üben von Verstärkungen die langen Linien einer Galoppierbahn in das Ausbildungsprogramm mit einzubeziehen. Es geht alles leichter und selbstverständlicher, weil diese Arbeit der Natur des Pferdes als Bewegungstier viel mehr entgegenkommt.
Das stärkere Vorwärtsgaloppieren können wir während der Grundausbildung im Gelände im leichten Sitz reiten. Für den Teilbereich Dressur verzichten wir auf den starken Galopp aus den gleichen Gründen, die uns in diesem Ausbildungsstadium davon abhielten, starken

Galoppieren im leichten Sitz am Anfang und am Ende der Stunde entlastet den Pferderücken.

Die innere Hand streicht über.

Prüfstein für die Selbsthaltung – Überstreichen im Galopp

Trab zu üben. Ebenso wenig gehört der versammelte Galopp in das Programm der Grundausbildung des jungen Reitpferdes. Er wird in der Regel erst im zweiten Ausbildungsjahr ab Klasse L verlangt. Ein wichtiger Prüfstein für die Selbsthaltung des Pferdes ist das Überstreichen. Überstreichen kommt im Trab, aber mehr noch im Galopp zur Geltung. Beim Überstreichen gehen beide Hände über dem Mähnenkamm bis zur Mitte des Halses vor. Die Anlehnung wird vorübergehend aufgegeben. Nach ein bis zwei Galoppsprüngen ohne Anlehnung gleiten die Hände gefühlvoll an ihren Platz zurück und nehmen die Verbindung zum Pferdemaul wieder auf. Unruhige Pferde lassen sich durch mehrfaches Überstreichen gut beruhigen. Der Sitz des Reiters bleibt dabei unverändert. Nur die Hände gehen aus dem Ellenbogengelenk vor. Das Pferd kann die Nase etwas nach vorn nehmen, soll ansonsten aber Tempo, Takt und Haltung nicht verändern. Dann ist es richtig ausgebildet. Wir kennen außerdem noch die Kontrolle, ob das Pferd auch am äußeren Zügel schon Anlehnung hat. Dazu geht die innere Hand allein vor, möglichst in Richtung Pferdemaul, und klopft beruhigend an den Hals. Dies ist wertvoll gerade beim Reiten auf gebogenen Linien.

SCHRITT

Der Schritt ist eine schreitende Bewegung. Das Pferd soll sich im Viertakt raumgreifend und fleißig vorwärts bewegen. Unter Schreiten versteht man, dass das Pferd mit allen vier Beinen gelassen und ruhig auf- und abfußt. Das Gegenteil ist z. B. „Zackeln". Raumgreifend ist ein Pferd im Schritt, wenn es beispielsweise im Mittel- oder starken Schritt deutlich über die Abdrücke der Vorderhufe tritt. Von Fleiß spricht man, wenn das Ab- und Auffußen nicht langsam und behäbig, sondern mit einer bestimmten Frische und einem gewissen Tempo erfolgt, ohne eilig zu sein. Die Fußfolge im Schritt ist (wenn man von vorn anfängt zu zählen) diagonal ungleichzeitig, wobei der Zeitabstand zwischen dem einzelnen Abfußen gleichmäßig sein soll. Tritt ein Bein schneller zu als das andere, ist das Pferd nicht im Takt. Fängt man hinten an zu zählen, ist die Fußfolge gleichseitig, aber ungleichzeitig, ebenfalls bei gleichem Zeitabstand. Der Unterschied beim Kontrollieren der Fußfolge, ob man vorne oder hinten anfängt zu zählen, ist folgender: Erscheint ein Schritt nicht sicher geregelt, wird unsicherer Schritt in der Fußfolge (hinten mit dem Zählen angefangen) bei längerem Hinsehen immer passartiger.

Fußfolge

1. Rechter Vorderfuß
2. Linker Hinterfuß
3. Linker Vorderfuß
4. Rechter Hinterfuß

Kriterien im Schritt

— Schreitend
— Viertakt
— Raumgreifend
— Fleißig

Jede Abweichung ist fehlerhaft, insbesondere die passartige Fußfolge. Pferde mit überdurchschnittlich raumgreifendem Schritt neigen in der Versammlung oft zu passartigem Schreiten.

Fußfolge im Schritt

Wir unterscheiden den Mittelschritt, starken Schritt und versammelten Schritt. Der Mittelschritt entspricht dem Arbeitstempo dieser Gangart. Das Pferd schreitet frisch, regelmäßig und zwanglos. Die Hinterhufe greifen etwas über die Abdrücke der Vorderfüße hinaus. Im starken Schritt schreitet das Pferd mit weiten, raumgreifenden Schritten, die so lang sein können, wie es sein Körperbau zulässt. Trotzdem darf keine Eile aufkommen. Die Hinterhufe fußen deutlich über die Abdrücke der Vorderfüße. Der Reiter lässt dem Pferd volle Halsfreiheit, ohne jedoch die Verbindung mit dem Pferdemaul und die Genickkontrolle aufzugeben. Im versammelten Schritt richtet sich der Hals des Pferdes entsprechend der erreichten Versammlung auf. Die einzelnen Schritte decken weniger Raum, und die Hinterhufe fußen deshalb möglichst in die Abdrücke der Vorderfüße. Dafür sind sie erhabener, weil die Gelenke der Hinterbeine vermehrt gebeugt werden. Fleiß und Takt müssen unbedingt erhalten bleiben.

Während der Grundausbildung kann man im Schritt eigentlich nichts verbessern, sondern nur Fehler machen. Es ist erforderlich, dass der Reiter die Nickbewegung des Halses und Kopfes nicht durch ein starres Ellenbogengelenk behindert. Besonders bei den Übergängen Trab – Schritt und Galopp – Schritt ist rechtzeitiges Mitgehen aus dem Ellbogengelenk entscheidend, um nach dem Übergang sofort einen guten Schritt zu ermöglichen.

BEWÄHRTER GRUNDSATZ

Das Reiten sollte für alle Pferde im Schritt mit hingegebenem Zügel beginnen und enden.

Zufrieden schreitet das Pferd mit hingegebenem Zügel.

Losgelassenes Schreiten mit sicherer Anlehnung

Von einer Entwicklung dieser Gangart kann man nur bedingt sprechen, denn jeder Ausbilder ist gut beraten, wenn er junge Pferde in der Grundausbildung im Schritt überwiegend mit hingegebenem Zügel und nur am Ende der Stunde vermehrt am langen Zügel mit Anlehnung durchs Genick reitet. Ich empfehle dies deshalb, weil sich gerade im Schritt zu Beginn der Stunde und am zu kurzen Zügel sehr leicht Taktstörungen einschleichen, die sich später nur außerordentlich schwer beseitigen lassen. Warum sollen wir uns also unnötige Probleme schaffen? Ich habe die Erfahrung gemacht, dass junge Pferde, die im Trab und Galopp gelernt haben, sicher am langen Zügel durchs Genick zu gehen, dies später auch im Schritt tun. Die umgekehrte Feststellung habe ich bei der Ausbildung der mir anvertrauten Pferde nicht gemacht.

Es gibt aber Situationen, in denen man dies aus guten Gründen besser nicht einhält:

— Sehr junge Pferde reitet man nach dem ersten Aufsitzen aus Sicherheitsgründen besser mit Verbindung zum Pferdemaul.
— Pferde, die zu Beginn des Reitens mit hingegebenem Zügel nicht zum ruhigen Schreiten kommen, sondern mit kurzen Schritten eilig gehen (oft aus innerer Unruhe und aufgrund von falschem Einsatz der Schlaufzügel), reitet man besser am langen Zügel mit Nachgeben im Genick, um sie zum ruhigen Schreiten anzuhalten.
— Pferde, die vom Gebäude her viel Unterhalsmuskeln und wenig Oberhalslinie haben, reitet man ebenfalls besser am langen Zügel, um im Schritt schon die Muskulatur am Unterhals zu entspannen und die am Oberhals anzuregen. Beim ersten Antraben hat man es dann leichter.
— Pferde, die etwas enge Ganaschen haben, sollte man von Beginn an am langen Zügel Schritt reiten, um die Halseinstellung locker und sicher zu machen und das erste Antraben zu erleichtern.

HÄUFIGSTE FEHLERQUELLE

Der am meisten verbreitete Fehler, den viele Reiter im Schritt begehen, ist die zu stark oder gar rückwärts wirkende Hand, anstatt die Nickbewegung aus dem Ellenbogengelenk mitzumachen.

Schrittreiten am langen Zügel erfordert viel Feingefühl.

Bei Ausnahmen von dem vorgenannten Grundsatz ist es wichtig, dass der erfahrene Reiter wissen muss: Schritt reiten am langen Zügel bedeutet für jüngere Pferde im ersten Ausbildungsjahr die längste Verbindung zwischen Reiterhand und Pferdemaul, bei der das Pferd noch im Genick nachgibt.
Wir halten fest: In der Grundausbildung des jungen Pferdes beschäftigen wir uns nur mit dem Mittelschritt. Im ersten Ausbildungsjahr reiten wir viel Schritt mit hingegebenem Zügel. Wer Taktfehler im Schritt vermeiden will, übt den Mittelschritt so, wie er in Dressurprüfungen der Klassen A und L verlangt wird, nur am Ende der Stunde am langen Zügel, aber mit Genickkontrolle. Eine Möglichkeit, sich die Fußfolge zu merken, ist aus den Abbildungen der Bewegungsphasen in Schritt (S. 117), Trab (S. 106) und Galopp (S. 112) zu ersehen.

EINFLUSS DES EXTERIEURS AUF DIE GRUNDAUSBILDUNG

Bei der Grundausbildung eines jungen Pferdes müssen das Gebäude und mögliche Mängel im Gebäude berücksichtigt werden. Insgesamt kann man allerdings feststellen, dass sich, wie zuvor bereits erwähnt, die Qualität der Pferde durch den Einfluss der Zuchtverbände in den letzten 20 bis 30 Jahren erheblich verbessert hat. Nachfolgend möchte ich Hinweise für die Grundausbildung des 4-jährigen Pferdes geben,

Raumgreifendes Galoppieren unter den Schwerpunkt

die bei besonders gutem oder bei weniger gutem Gebäude von Bedeutung sind. Denn trotz aller Bemühungen gibt es nach wie vor natürlich nicht nur ideal gebaute Pferde.
In zahlreichen Gesprächen mit Reitern, Ausbildern und Züchtern konnte ich meine Eindrücke und Erfahrungen erweitern. Vieles habe ich von meinem Vater erfahren und mit ihm besprochen. Eigene reiterliche Erfahrungen, Hengstleistungsprüfungen und nicht zuletzt die Bundeschampionate haben hier guten Einblick und Überblick verschafft.

Was ist im Gebäude für die Ausbildung eines jungen Pferdes vorteilhaft?
Positiv für die Ausbildung sind:

- eine gut gewinkelte Hinterhand, eine lange, schräge, genügend abfallende Kruppe,
- lebendig abfußende Hinterbeine,
- eine normal geschwungene, genügend lange – aber nicht zu lange – Rückenlinie,
- ein weit in den Rücken laufender, ausgeprägter Widerrist und eine lange, schräge Schulter,
- ein genügend hoher, nicht zu breiter Halsansatz und ein Hals von guter Länge mit nach oben gewölbter Oberlinie und wenig Unterhalsmuskulatur,
- ein schlanker Hals-/Kopfansatz mit guter Ganaschenfreiheit
- eine lange Maulspalte,
- eine genügend weiche Fesselung.

Das geschlossene Modell bei sehr gut gewinkelter Hinterhand und schöner Oberlinie

AUSWIRKUNGEN DER VORTEILE UND MÖGLICHE NACHTEILE FÜR DIE AUSBILDUNG

Die drei Winkel in der Hinterhand:

— Hüftgelenk / Sitzbeinhöcker / Kniegelenk (ca. 90 Grad)
— Sitzbeinhöcker / Kniegelenk / Sprunggelenk (ca. 90 Grad)
— Kniegelenk / Sprunggelenk / Fesselgelenk (ca. 135 Grad)

sollen gut zueinanderpassen. Besonders der oberste Winkel soll möglichst klein und die Kruppe genügend abfallend sein. Eine gerade Kruppe hat in der Regel einen größeren oberen Winkel und eine steile Hinterhand zur Folge. Abmessen kann man die drei Winkel wohl nicht, aber man kann sich den Blick dafür aneignen, ob die Hinterhand insgesamt gut gewinkelt und für den Bewegungsablauf, die Schwungentwicklung und die Gewichtsaufnahme vorteilhaft ist.
Eine gut gewinkelte Hinterhand kann in allen drei Grundgangarten besser mitarbeiten. Damit kann der Galopp bergauf gesprungen werden und das Pferd mit der Hinterhand Gewicht aufnehmen. Einem Pferd mit einer ungünstigen Winkelung, also steil und mit zu großem oberem Winkel, fällt dies alles vom Gebäude her schwerer. Eine Verbesserung durch Ausbildung, z. B. durch häufigen Tempowechsel im Trab und

Hengst im Rechteckmodell bei sehr guter Halsung, leichtem Genick und gutem Fundament

Stute im Rechteckmodell mit sehr guter Schulterfreiheit und Hinterhandwinkelung

Galopp, ist nur geringfügig möglich und führt beispielsweise in den Trabverstärkungen bei energischer Aufforderung durch den Reiter oft zu seitlichem Ausweichen und zum Breittreten. Im Schritt bleibt der Raumgriff begrenzt, und im Galopp werden die Sprünge eiliger, kürzer und weniger gesetzt. Ein lebendig abfußendes Hinterbein – die gesamte Trabbewegung soll „hoch genug über dem Boden" sein – erlaubt kraftvolleres und energischeres Vor- und Untertreten gegenüber schleppend und flach abfußenden Hinterbeinen. Besonders in der späteren Dressurausbildung, z. B. bei Seitengängen und noch weiter bei Piaffe und Passage, macht sich ein schleppend abfußendes Hinterbein nachteilig bemerkbar. Eine Verbesserung ist kaum möglich, da die natürliche Mechanik dem Bewegungsablauf hier Grenzen setzt.

Die gut geschwungene Rückenlinie kann als Bewegungszentrum durch normale Lektionen und Übungen (z. B. häufigen Wechsel von Trab und Galopp auf dem Zirkel) leicht gelockert werden, eine sehr wichtige Voraussetzung für die Ausbildung des jungen Pferdes. Ist der Rücken locker, kann sich das ganze Pferd loslassen. Auf dieser Grundlage kann sich das Pferd später in der Versammlung ohne Spannung rittig und durchlässig präsentieren. Auch können bei lockerem Rücken – wenn erforderlich – Muskeln angespannt und wenn nötig wieder entspannt werden. Das Mitschwingen im Rücken und die Möglichkeit, den Rücken als Bewegungszentrum loszulassen, sind für die Ausbildung des jungen Pferdes von großer Bedeutung.

Etwas kurzer Hals mit wenig Ganaschenfreiheit

Wir kennen außerdem noch den geraden, strammen Rücken, der sich nicht so leicht lockern lässt, weniger mitschwingt und deshalb schlechter sitzen lässt. Der lange, weiche Rücken kann sich schwertun mit der Gewichtsaufnahme, und der etwas kurze Rücken kann weniger mitschwingen. Ein Senkrücken kann dem Pferd, z. B. bei sehr gutem Halsaufsatz, leicht ermöglichen, den Rücken „wegzudrücken", und ein unangenehmes Anheben des Halses bei Übergängen erleichtern. Der gut geschwungene, lockere Rücken ermöglicht eine sichere Übertragung des „Vorwärts" aus der kraftvollen Hinterhand über Rücken, Oberhals, Genick, Maul in die Reiterhand und wieder zurück in die Hinterhand. Eine lange, schräge Schulter ermöglicht genügend Schulterfreiheit besonders bei Trab- und Schrittverstärkungen. In Verbindung mit dem ausgeprägten, weit in den Rücken laufenden Widerrist ist die Sattellage vom Gebäude her vermehrt zur Hinterhand platziert. Hierdurch wird die so wichtige Gewichtsverlagerung des Pferdes und Reiters zur stärkeren Hinterhand besonders in der weiteren Ausbildung erleichtert. Eine kurze, steile Schulter und wenig Widerrist können die Schulterfreiheit begrenzen („gebunden in der Schulter"). Dies macht sich besonders in den Schritt- und Trabverstärkungen bemerkbar und kann wegen einer Überbelastung der gesamten Vorhand später zu Schäden an den Vorderbeinen führen. Ein weiteres Ausbildungsziel, die Hinterhand besonders in der Versammlung vermehrt zum Tragen zu bringen, kann sehr erschwert werden.

Der gute Halsansatz, hoch und lang genug, nicht zu breit, mit nach oben gewölbter Oberhalslinie und wenig Unterhalsmuskulatur, ist für die Ausbildung des jungen Pferdes hinsichtlich späterer Anlehnung, Durchlässigkeit und Versammlung von entscheidender Bedeutung. Bei einem etwas tiefen Halsansatz kann auch ein erfahrener Reiter die Muskulatur am Oberhals wenig verbessern. Wo die Natur den Platz für Muskulatur am Oberhals durch Form und Lage des Nackenbandes nicht vorgesehen hat, kann man auch keine Muskulatur hinreiten.
Im ersten Drittel des Oberhalses vor dem Widerrist ist die Muskulatur von besonderer Bedeutung für die spätere Anlehnung, Durchlässigkeit und Aufrichtung. Der genügend lange Hals ist z. B. in der Dressur für das Gleichgewicht und für das Springen beim Absprung und Landen eine Art Balancierstange. Im Gelände bewahrt diese Reiter und Pferd u. a. bei Tiefsprüngen, bergauf, bergab und bei Wassereinsprüngen vor Fehlern und Stürzen.
Ein schlanker Hals-/Kopfansatz mit genügend Ganaschenfreiheit erleichtert die weiche Anlehnung, die Genickkontrolle und damit die Rittigkeit wesentlich. Wir kennen Ganaschenfreiheit, Ganaschenenge und Ganaschenzwang. Der Platz zwischen Backenknochen und Hals muss für die Ohrspeicheldrüse und den Muskelstrang groß genug sein. Ist der Platz zu eng, sind die Anlehnung und Durchlässigkeit stark behindert, besonders bei späterer Versammlung und Aufrichtung. Ein längerer Zügel ist bei jungen Pferden öfter nur begrenzt vorteilhaft. Im Springen ist ein richtig verschnalltes Martingal eine mögliche Unterstützung. Schlaufzügel – auch nur vorübergehend – bringen nur Verschlechterung, da die falsche Muskelbildung durch den Zwang noch stärker wird.
Ein zu schlanker Hals-/Kopfansatz kann wohl die Genickkontrolle erleichtern, aber auch das Pferd bei einer harten Hand schnell hinter die Senkrechte kommen lassen. Erforderlich sind hier ein weiches Handgelenk und ein Ellenbogengelenk, das nachgeben kann, wobei das Treiben nicht vergessen werden darf. Die Dehnungsbereitschaft des Pferdes, die man nur durch Zügel-aus-der-Hand-kauen-lassen verbessern kann, spielt hier eine große Rolle.
Schlaufzügel sollten bei der Ausbildung junger Pferde nach meinen Erfahrungen keine Anwendung finden. Meist führen sie zu Zwang, Spannung, falscher Muskelbildung, Widersetzlichkeit und einem unzufriedenen Pferd. Von meinem Vater weiß ich, dass an der Westfälischen Reit- und Fahrschule in Münster, wo er mit dem Reiten begonnen hat, wohl zwei Martingals, aber keine Schlaufzügel vorhanden waren. Ich selbst habe diese aus fester Überzeugung noch nie benutzt.
Eine genügend lange Maulspalte kann nicht nur das Gebiss (Trense und Kandare) besser aufnehmen, sondern erleichtert es dem Pferd auch, die Zunge unter dem Gebiss zu lassen. Bei einer kleinen Maulspalte sollten also bei der Ausbildung des jungen Pferdes auf ein nicht zu tief liegendes oder zu breites Gebiss und auf eine weiche Hand geachtet

BLICK FÜRS WESENTLICHE
Bei der Pferdebeurteilung darf man nicht zum „Fehlergucker" werden, sondern sollte das Pferd als Ganzes sehen.

werden. Ein „Zungenfehler" kommt nicht von ungefähr, sondern hat seine Ursache und kann für den Reiter sehr unangenehm sein. Eine genügend weiche Fesselung – nicht zu weich – lässt in Verbindung mit dem lockeren Rücken nicht nur den Reiter angenehm sitzen, sondern schont auch die Gelenke des Pferdes. Bei einer kurzen, steilen Schulter wirkt sich eine kurze, steile Fesselung deutlich nachteilig auch für die Belastung der gesamten Vorhand aus. Der Reiter kann bei der Ausbildung eines steil gefesselten jungen Pferdes wenig tun, es sei denn, er reitet vermehrt auf weichem Boden und vermeidet den harten, unebenen Boden, um größere Schäden zu verhindern. Alle Pferde haben im Gebäude wohl irgendeinen mehr oder weniger kleinen Mangel. Es ist Aufgabe des Reiters, diese kleinen Mängel, z. B. in der Hinterhand, im Rücken oder Hals, durch die Auswahl der Lektionen und Übungen sowie den Aufbau der Grundausbildung zu beachten. Wenn ein junges Pferd im Gebäude in einer Partie nicht vorbildlich sein sollte, kann es sich natürlich dennoch um ein sehr gutes Pferd handeln.

Blutgeprägt über viel Boden stehend: der moderne Halbblüter

EINFLUSS DES INTERIEURS AUF DIE GRUNDAUSBILDUNG

Die unterschiedlichen Ausprägungen des Interieurs in Temperament, Charakter, Leistungsbereitschaft, Leistungsvermögen, Umgänglichkeit und Erinnerungsvermögen können bei der Ausbildung eines jungen Pferdes oft eine wesentliche Rolle spielen. Durch die verbesserte Zuchtselektion gibt es sogenannte Charakterfehler wie z. B. Schlagen, Beißen und Steigen bei jungen Pferden von Natur aus so gut wie nicht mehr, es sei denn, grobe und unsachgemäße Behandlung durch den Menschen haben ein solches Verhalten herausgefordert.

Auch Temperamentschwierigkeiten beobachtet man in letzter Zeit deutlich weniger, sodass heute nahezu jedes richtig behandelte Pferd auch für Freizeitreiter geeignet ist. Bei einem jungen Pferd sind geringe Temperamentschwierigkeiten noch gut zu erkennen und zu verbessern. Meiner Erfahrung nach sind Reiterinnen hier häufig erfolgreicher als Reiter, weil sie eher Rücksicht nehmen und junge Pferde in dieser oft geringen Schwäche unterstützen. Junge Pferde sind bei leichten Temperamentschwierigkeiten für dieses „Entgegenkommen" sehr dankbar.

Leistungsbereitschaft und Leistungsvermögen sind auch für die Ausbildung junger Pferde zwei verschiedene Begriffe. Ist ein junges Pferd in den ersten Monaten der Ausbildung bereit, alle Anforderungen willig und gehfreudig mitzumachen, ohne heftig zu werden, kommt das dem Reiter sehr entgegen. Besonders beim Freispringen, beim ersten Springen kleiner Hindernisse, und im Gelände, z. B. bei den ersten kleinen Gräben oder Wassereinsprüngen, ist das willige Mitmachen Leistungsbereitschaft. Ist das Vermögen, z. B. beim Freispringen, begrenzt, sollte man mit der größeren Bereitschaft behutsam umgehen, damit solche Pferde nicht überfordert werden. Es gibt aber auch junge Pferde, die wohl genügend Vermögen, aber wenig Bereitschaft haben. In solchen Fällen muss der Reiter mit seinem Wissen und Können das junge Pferd mit viel Gefühl dem Alter entsprechend zur Mitarbeit motivieren.

Unter Umgänglichkeit versteht man beim jungen Pferd, dass es sich z. B. willig putzen, pflegen, satteln, trensen und führen sowie den Reiter problemlos auf- und absitzen lässt, kurz: im täglichen Umgang ein angenehmer Partner ist. Einfluss hierauf haben sowohl das Temperament des Pferdes als auch das Verhalten von Reiter und Pfleger dem Pferd gegenüber. Bei den erfreulich vielen Freizeitreitern ist insbesondere dieser Punkt im Umgang mit jungen Pferden sehr wichtig.

Das Erinnerungsvermögen spielt in der Ausbildung eines jungen Pferdes eine sehr wichtige Rolle, die leider oft zu wenig beachtet wird. Die Erinnerung des jungen Pferdes an das Gute ist zum Glück sehr ausgeprägt, leider aber ebenso auch an das Schlechte. Erschreckt sich ein junges Pferd, z. B. vor einer unruhigen Ecke in der Bahn, kann man anhalten, sprechen, loben und ruhig weiterreiten oder besser noch hinter einem anderen Pferd herreiten. Meistens ist der Vorgang dann schnell vergessen.

Ein waches und williges Pferd auszubilden macht Spaß.

LIEBER IM GUTEN

„Der Reiter, der das ausgeprägte Erinnerungsvermögen des Pferdes sorgfältig und im Guten einsetzt, macht es sich und dem Pferd leichter. Er wird zahlreiche Erfolgserlebnisse und viel Freude an der Ausbildung zufriedener junger Pferde haben."

Paul Stecken

Ein aufmerksamer, wacher und vertrauensvoller Gesichtsausdruck

Man kann aber auch mit der Gerte und ggf. den Sporen mehr oder weniger energisch nachhelfen und das Pferd in Unruhe und übertrieben grob durch diese Ecke treiben. Am nächsten Tag erinnert sich das Pferd sehr genau an das ruhige Vorbeireiten, Sprechen und Loben und hat dies in guter Erinnerung. Ebenso erinnert sich das Pferd an die Unruhe, die Gerte, die Sporen und unreiterliche Behandlung und scheut erneut, weniger vor der bekannten Ecke als vielmehr in Erinnerung an die Gerte und das falsche Verhalten des Reiters.

Vergleichbare Beispiele dieser Art gibt es sehr zahlreich. Auch beim ersten Springen junger Pferde über kleine Hindernisse hinter einem Führpferd ist Loben sehr viel besser, als mit der Gerte unruhig zu treiben. Auch im Gelände, z. B. beim ersten Einreiten ins Wasser mit Führpferd: Mit Loben statt Strafen ist das Gute im Erinnerungsvermögen von großer Bedeutung für die weitere Ausbildung eines jungen Pferdes. Mehrfaches Erinnern an Schlechtes, z. B. Gerte, grobes Vorgehen, ins Maul rucken – wohl das Schlimmste für ein junges Pferd –, verdoppelt und verdreifacht die schlechte Erinnerung und verstärkt die Widersetzlichkeit. Reiter und Pferd sind unzufrieden, Ruf und Ansehen des Reiters nehmen erheblich ab.

Gutes reiterliches Verhalten in solchen Momenten bringt Zufriedenheit auf beiden Seiten, hat Erfolg und macht Freude mit jungen Pferden.

Lob ist nicht nur nach getaner Arbeit wertvoll.

CAVALETTI-ARBEIT

— *mit und ohne Reiter*

CAVALETTI-TRAINING FÜR JUNGE PFERDE

ANFÄNGE

Mit Erfolg ausprobiert wurden die Cavaletti-Ausbildung und damit verbunden auch der „leichte Sitz" schon um 1930 in Italien, daher auch der aus dem Italienischen stammende Ausdruck Cavaletti (genau genommen müsste ein einzelnes Bodenrick „cavaletto" heißen, was aber niemand sagt. Wir schließen uns hier dem allgemeinen deutschen Sprachgebrauch an). Der damalige Kommandeur des Reiterregiments 15 in Paderborn, Graf Rothkirch, war zur reiterlichen Weiterbildung einige Zeit in Pinerolo und Tor di Quinto, den italienischen Kavallerieschulen. Von den vielen Möglichkeiten der Cavaletti-Ausbildung und der Bedeutung des „leichten Sitzes" überzeugt, führte Graf Rothkirch in Paderborn beide Grundsätze konsequent für die Ausbildung von Reiter und Pferd ein.

In den Reitbahnen der fünf Reiterschwadronen standen ständig je vier Bodenricks, die fast täglich für ca. 10 bis 15 Minuten im Schritt und Trab zum Lösen, besonders zur Lockerung des Rückens bei den jungen Pferden, eingesetzt wurden. Jeweils acht bis zehn junge Pferde gingen mit ein bis zwei Pferdelängen Abstand im Schritt und Trab (Leichttraben) in Ruhe und mit Freude an der Arbeit über Bodenricks. Zwischen dem zweiten und dritten Cavaletti war der Abstand im Schritt und Trab doppelt bemessen, damit die unterschiedlichen Pferde ihre Schritte und Tritte ausgleichen konnten. Die anschließende Weiterbildung mit betont lockerem Rücken der Pferde machte sich auch später in der Spring- und Geländeausbildung vorteilhaft bemerkbar. Diese bewährten Grundsätze der Cavaletti-Ausbildung und des „leichten Sitzes" wurden in den 1950/60er-Jahren von dem ehemaligen Paderborner Reiter Paul Stecken (letzter Chef der aktiven 4. Reiterschwadron und Nachfolger von Baron von Nagel/Ittlingen) als langjähriger Leiter der Westfälischen Reit- und Fahrschule konsequent eingehalten. In zahlreichen Reitlehrgängen wurden diese wertvollen Ausbildungsmöglichkeiten für jüngere und ältere Pferde angewandt und empfohlen. Heute ist es weniger üblich als in früheren Jahren, mit acht bis zehn Pferden Cavaletti-Ausbildung durchzuführen. Auch wenn für ein einzelnes Pferd der Aufwand beim Aufbau und Umstellen der Cavaletti groß erscheint, so ist er meiner Meinung nach trotzdem gerechtfertigt und sehr lohnend.

Mein Vater hat an der Westfälischen Reit- und Fahrschule als Schüler und als Student mit Ausbildungs- und später dann eigenen Pferden diese Bodenrickausbildung miterlebt und war begeistert und überzeugt von den großartigen Möglichkeiten dieser Arbeit. Das hat er mir früher oft erzählt und auch mich durch den erfolgreichen Einsatz davon überzeugt.
So schließt sich ein Kreis in dieser vielseitigen und wertvollen Cavaletti-Ausbildung von Pinerolo in Italien über den Grafen Rothkirch, die Paderborner Reiter, den Leiter der Westfälischen Reit- und Fahrschule Paul Stecken und über meinen Vater bis hin zu mir.
In unserem Buch „Cavaletti" haben mein Vater und ich die Grundsätze der Ausbildung über Bodenricks in allen Einzelheiten ausgeführt. Auch im Rahmen des vorliegenden Buches sollen die Bedeutung und die Qualität dieser wertvollen Cavaletti-Ausbildung, wenn auch verkürzt, aufgeführt werden.

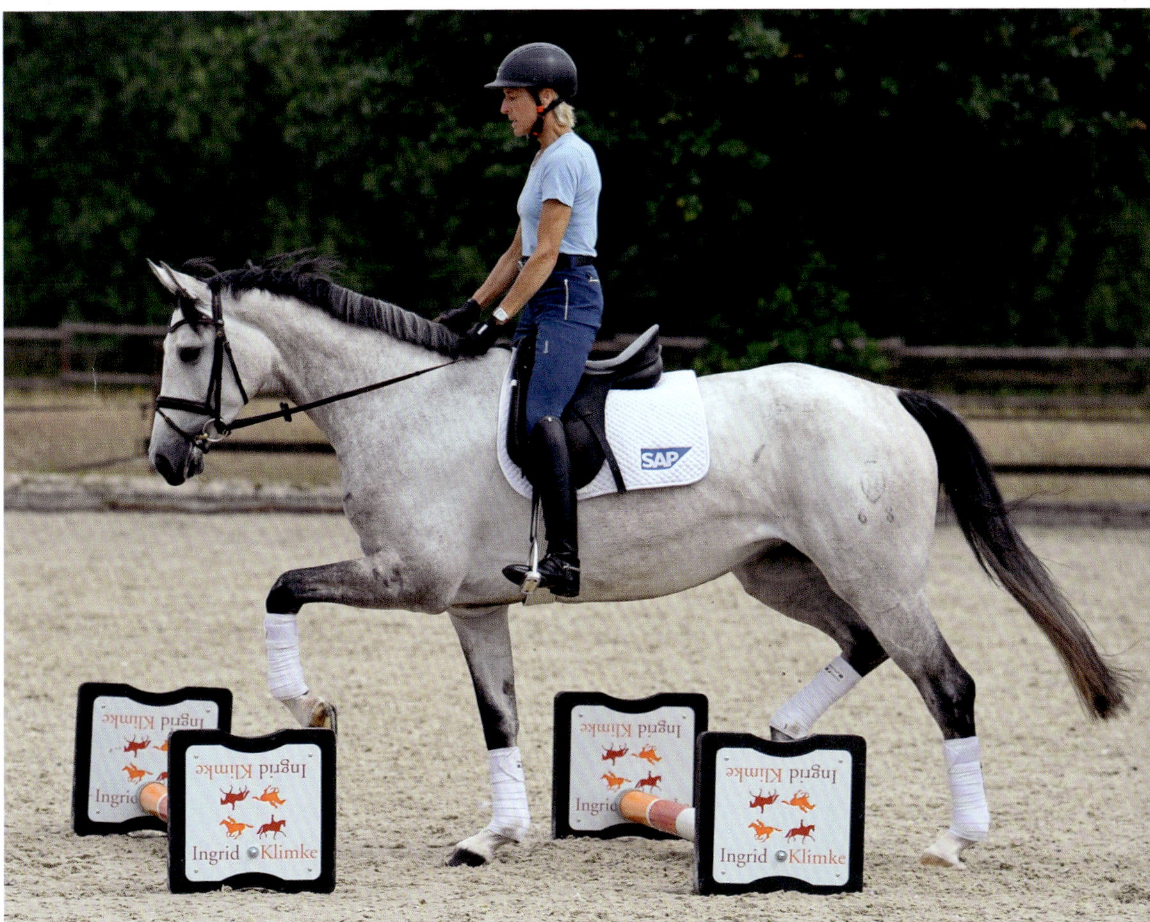

Traben mit dem jungen Pferd über zwei Cavaletti auf gerader Linie

THEORETISCHE GRUNDLAGEN

Theoretische Studien halte ich für eine wertvolle Ergänzung der praktischen Ausbildung. Manche Schwierigkeit in der Ausbildung lässt sich viel leichter überwinden, wenn man sich nicht allein auf sein reiterliches Gefühl verlässt, sondern sich auch zwingt, sorgfältig nachzudenken, bevor man im Einzelnen mit der Ausbildung eines Pferdes beginnt.

Der Reiter trägt Verantwortung für die Gesundheit seines Pferdes. Nur ein gesundes Pferd, dessen Muskulatur und Kondition schonend und planmäßig aufgebaut wurden, kann auch auf Dauer Leistung erbringen. Pferd und Reiter sollten dabei Partner sein, und diese Partnerschaft kann ohne Verantwortungsbewusstsein nicht bestehen. „Selbstzucht zu üben und Achtung vor der Kreatur zu haben", wie es Freiherr von Langen (er gewann 1928 in Amsterdam die Goldmedaille in der Dressur) einmal ausgedrückt hat.

Übertragen auf die Arbeit mit Cavaletti erhebt sich daher zunächst die Frage nach dem Warum. Warum lohnt es sich, Cavaletti als Hilfsmittel für die Ausbildung von Reitern und Pferden einzusetzen? Welche Erfolge können durch diese Arbeit erzielt werden und wie kann man die Verwendungsmöglichkeiten von Cavaletti am besten nutzen?

Die Ausbildung des Pferdes verfolgt u. a. das Ziel einer natürlichen Gymnastizierung. Die Körperkräfte des Pferdes sollen gestärkt und die Gelenke geschmeidiger gemacht werden. Ein wesentlicher Teil fällt also in das Gebiet der Muskelbildung. Hierfür kann die Cavaletti-Arbeit eine wertvolle Unterstützung sein. Die Entwicklung von Muskulatur ist auch vom Anreiz in der Bewegung abhängig. Muskeln werden durch gezieltes Bewegen und Beanspruchen gestärkt und gebildet. Wenn die Muskulatur nicht beansprucht oder nicht richtig angestrengt wird – oder nach Beanspruchung nicht wieder entspannt –, verkümmert sie oder es werden falsche Muskelpartien unerwünscht entwickelt bzw. unnötig gestärkt.

Kadenziertes Abfußen bei guter Längsbiegung

Die Cavaletti-Arbeit ist deswegen zur Ausbildung der Muskulatur so hervorragend geeignet, weil sie die Pferde zu bestimmten, kontrollierten Bewegungsabläufen veranlasst. Das Pferd wird angeregt, höher und ausdrucksvoller als gewöhnlich abzufußen und dadurch auch fester und bestimmter wieder auf den Boden aufzusetzen. Alle vier Beine und die dazugehörigen Gelenke werden also vermehrt beansprucht, sodass die Fußfolge in den drei Grundgangarten Schritt, Trab und Galopp gefestigt wird.

Durch das dynamische An- und Abspannen der unterschiedlichen Muskelgruppen werden sämtliche für den Bewegungsvorgang wichtigen Muskeln des Pferdes gekräftigt. Wird die Cavaletti-Arbeit jedoch zu lange ausgedehnt oder sind Aufbau und Abstände der Bodenricks nicht dem natürlichen Bewegungsrhythmus des Pferdes angepasst, kann auch die Gefahr einer Überanstrengung bestehen.

Das junge Pferd fasst leichter Vertrauen, wenn ein erfahrenes Führpferd gelassen vorweg geht.

Muskeln entwickeln sich durch Bewegung nur, wenn sie entsprechend ihrer Lage und ihrem Aufbau in ihrer natürlichen Funktion beansprucht werden. Nur systematische, langsam gesteigerte Cavaletti-Arbeit kann daher die Muskelbildung des Pferdes verbessern. Sie ist aber auch geeignet, Muskeln zu lockern und Steifheiten zu beseitigen, insbesondere bei verrittenen Pferden. Pferde, die mit tiefer Halseinstellung – aber nicht hinter der Senkrechten – über Cavaletti geritten werden, wölben beispielsweise den Rücken etwas auf und entspannen die dort befindlichen Muskeln. Nach kurzer Zeit wird man beobachten können, dass die von der Hinterhand ausgehende Bewegung wieder fließend auf die Vorhand übertragen wird. Der Rücken des Pferdes schwingt mit und lässt den Reiter beim Aussitzen bequem sitzen.

Weiterhin erlangen Pferde, die über Bodenricks geritten werden, eine große Trittsicherheit, weil sie ihre Schritte, Tritte und Sprünge nach den festliegenden Stangen richten müssen und genaues Taxieren erforderlich ist.

Sie lernen außerdem, ihren Schwerpunkt rasch und sicher zu verschieben. Da das Gleichgewicht durch das ausdrucksvolle Abfußen wechselt, wird zugleich das Ausbalancieren weiter geübt und das Pferd zum sicheren Gehen auch in unebenem Gelände vorbereitet.

Das junge Pferd lasse ich lieber deutlich vor der Senkrechten gehen als zu eng.

Über Cavaletti wird mit jungen und unerfahrenen Pferden leichtgetrabt, um die Rückenlockerung und richtige Muskelbildung nicht zu stören. Cavaletti-Arbeit bietet die Möglichkeit, die Psyche des Pferdes kennenzulernen und auf sie einzuwirken. Die Art und Weise, wie das Pferd eine ihm gestellte Aufgabe über Cavaletti ausführt, ob es willig und ruhig bleibt oder heftig wird und sich widersetzt, lässt Rückschlüsse auf Temperament, Charakter und Intelligenz zu. Durch wechselnden Aufbau und unterschiedliche Abstände kann die Gelehrigkeit erprobt und weiter gefördert werden. Die Pferde werden aufmerksamer und lernen vor allem, bestimmte Aufgaben selbstständig zu lösen.

Die grundsätzliche Frage nach dem Wert der Cavaletti-Arbeit für die Ausbildung des Reitpferdes lässt sich daher wie folgt beantworten: Die Arbeit mit Cavaletti erleichtert die Grundausbildung aller Pferde. Sie schafft die Möglichkeit, auch Schwierigkeiten im Springen, in der Dressur und beim Geländereiten sicherer und natürlicher zu überwinden.

PRAKTISCHE AUSRÜSTUNG

BODENRICKS IN VERSCHIEDENEN AUSFÜHRUNGEN

Bodenricks bestehen aus Holzstangen, die an beiden Enden auf niedrigen Ständern befestigt sind. Die Stangen sollen dick, rund und hart sein, damit sie vom Pferd genügend beachtet werden und nicht splittern, um beim Anstoßen unnötige Verletzungen zu vermeiden. Die günstigste Länge beträgt in der Regel 2,5 bis 3,5 m. Die Ständer an den Seiten findet man in drei verschiedenen Formen: rechteckig, quadratisch oder als Kreuz.

Die rechteckigen Stützen lassen sich in der Höhe nicht gut verstellen. Dagegen haben die kreuzweisen und quadratischen Auflagen den Vorteil, dass sie in drei verschiedenen Höhen aufgebaut werden können. Ich habe deshalb immer nur die Letzteren verwendet. Außerdem ist darauf zu achten, dass die Cavaletti schwer genug sind, da leichte Cavaletti zu schnell verrutschen.

Der Vorteil eines Würfelständers besteht darin, dass die Verletzungsgefahr reduziert wird. Wenn das junge Pferd an dem Cavaletti vorbeiläuft und die gekreuzten Ständer streift, kann es sich an den scharfen Kanten verletzen. Gerade für die Arbeit an der Longe haben die Würfel den Vorteil, dass die Longe nicht wie am Kreuz hängen bleiben kann.

Die niedrigste Höhe, die gleichzeitig als das normale Maß anzusehen ist, beträgt 20 cm, die mittlere Höhe 30 cm. Sie dient besonders der Schritt- und Trabarbeit. Für Galopp empfiehlt sich das Verstellen auf 40 cm, damit beim Galoppsprung der nötige Ausdruck gefördert wird und die Pferde von vornherein zur Aufmerksamkeit erzogen werden.

SICHERER

Würfelständer vermindern die Verletzungsgefahr und sind Kreuzständern immer vorzuziehen.

Eine Cavalettireihe besteht maximal aus vier Cavaletti.

Cavaletti in drei verschiedenen Höhen

AUF DIE RICHTIGEN ABSTÄNDE KOMMT ES AN:
Die Abstände zwischen den Cavaletti sind individuell für jedes Pferd anzupassen.
Ungefähre Richtwerte:
Schritt: ca. 0,9 m
Trab : 1,3 m bis 1,5 m
Galopp: 3 m bis 3,2 m

CAVALETTI-ERSATZ DURCH STANGEN

Stangen haben verschiedene Nachteile und sind deshalb – streng genommen – kein guter Ersatz. Sie erreichen einmal nicht die gewünschte Höhe von 20 cm und werden darum von den Pferden oft nicht genügend beachtet. Zum anderen verrutschen sie leicht, wenn die Pferdehufe dagegenstoßen. Schließlich können sie sogar gefährlich werden, falls ein Pferd darauftritt und sie dann wegrollen. Im Durchschnitt genügt es, wenn man vier, höchstens sechs Bodenricks zur Verfügung hat. Für junge Pferde schafft man noch eine seitliche Begrenzung durch Fänge oder Stangen in Längsrichtung.

BODENVERHÄLTNISSE

Von entscheidender Bedeutung ist die Frage der Bodenverhältnisse, die häufig leider viel zu sehr vernachlässigt wird. Die vom Pferd verlangte Leistung richtet sich nicht nur nach der Anzahl der Cavaletti und der Dauer der Übung, sie ist im besonderen Maße auch von der Beschaffenheit des Bodens abhängig. Zu tiefer Boden erhöht die Belastung besonders der Sehnen und Bänder des Pferdes. Sehr harter Boden federt nicht, überlastet die Gelenke und birgt die Gefahr des Einknickens bei

Besonders bei jungen Pferden ist auf passende Abstände zu achten.

ungleichen Tritten. Optimal ist ein nicht zu tiefer Sandboden. Diese Auswirkungen müssen mit berücksichtigt werden, wenn die Arbeit mit Cavaletti Erfolg haben soll. Wer zwischen Gras- und Sandboden wählen kann, möge sich für Sandboden entscheiden, der im Übrigen – gerade bei Feuchtigkeit – weniger rutschig ist. In jedem Fall muss jedoch beachtet werden, dass die Cavaletti auf ebenem Untergrund stehen, der keine Löcher hat, damit die Pferde vertrauensvoll und losgelassen zutreten können.

DIE AUSRÜSTUNG DES PFERDES

Zur Schonung der Pferdebeine lege ich meinen Pferden vor der Arbeit immer Gamaschen oder Bandagen an. Ich halte es für wichtig, die Pferdebeine zu schützen, weil Gamaschen oder Bandagen zumindest die Bildung von Überbeinen verhindern, falls sich die Pferde mit den Hufeisen streichen.
Sprungglocken hingegen benutze ich nur in Ausnahmefällen, wenn die Pferde dazu neigen, sich zu greifen.
Dreieckszügel sind beim Longieren zu verwenden, damit das Pferd seinen Hals über den Bodenricks vorwärts-abwärts dehnen kann.

AN DER LONGE

Der Vorzug der Longenarbeit über Bodenricks besteht in der Möglichkeit, einseitige Steifheiten des Pferdes im Hals und in den Rippenpartien zu beseitigen. Durch die Einstellung des Pferdekörpers auf die Kreislinie wird die innere Seite rund oder – wie man auch sagt – hohl gemacht, wodurch die äußeren Hals- und Rumpfmuskeln gedehnt werden. Der innere Hinterfuß wird zum vermehrten Untertreten und Tragen veranlasst. Die Länge der Tritte kann durch Vergrößern oder Verkleinern des Zirkels ohne Umbau der Cavaletti beliebig beeinflusst werden. Dieser Vorteil ist besonders hoch einzuschätzen, weil man dadurch nach jeder Dehnung die Tritte in der nächsten Runde wieder auf die normale Länge des Arbeitstempos zurückführen kann.
Man muss darauf achten, dass die Longe nicht an den Seitenteilen der Cavaletti hängen bleibt. Die Zirkellinie muss unbedingt eingehalten werden, weil der Abstand zwischen den Bodenricks weiter oder enger wird, sobald das Pferd die vorgesehene Zirkellinie nicht einhält. Der Reiter muss also stets aufpassen und das Pferd sicher zwischen Longe und Peitsche an den Hilfen haben.

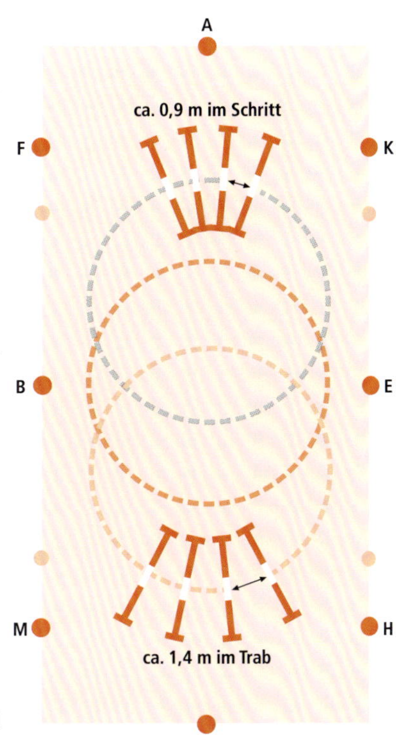

Cavaletti-Aufbau für Longenarbeit

AUFBAU DER CAVALETTI

Für die Ausbildungsarbeit an der Longe hat sich nach meinen Erfahrungen der skizzierte Aufbau am besten bewährt. Er braucht während der Ausbildungsstunde nicht verändert zu werden, setzt allerdings voraus, dass die Pferde bereits Cavaletti kennen und folglich sogleich die

Überwindung mehrerer Bodenricks hintereinander verlangt werden kann. Mit jungen und unerfahrenen Pferden ist ein schrittweiser Aufbau erforderlich. Begonnen wird mit einem Cavaletti und nach und nach werden die anderen hinzugefügt. Eine Hilfsperson ist hierbei vorteilhaft. Der mittlere Kreis dient zum Longieren ohne Cavaletti. Ein Zirkel ist für die Trabarbeit, der andere für die Schritt Arbeit vorgesehen. Die beiden Außenseiten werden (bei ganz jungen Pferden) sicherheitshalber mit Fängen oder Stangen eingefasst. Wer keine acht Cavaletti besitzt, kommt auch mit sechs (auf jeder Seite drei) aus. Aber selbst drei Cavaletti auf nur einem Zirkel genügen durchaus. Wichtig ist, dass die Bodenricks strahlenförmig aufgestellt werden, damit sie dem Bewegungsablauf auf der gebogenen Linie angepasst sind.
Der Abstand für Trab beträgt in der Regel 1,3 bis 1,5 m, sodass an den Außenseiten hinreichend Spielraum für eine Verlängerung oder Verkürzung der Trabtritte besteht. Die niedrigste Höhe von 20 cm genügt.
Im Schritt soll der Abstand in der Mitte ca. 0,8 bis 0,9 m betragen. Durch die Verbindung mit der Longe, die Möglichkeit der Peitschenhilfe und die Nähe zum Reiter lässt sich das Schritt-Tempo auch mit der Stimme ohne Schwierigkeiten ruhig und fleißig halten.

ABWECHSLUNG MACHT SPASS

Jede Eintönigkeit nimmt dem Pferd die Bewegungsfreude, von der die gesamte reiterliche Ausbildung letztlich profitiert.

1. PHASE: ABLONGIEREN OHNE CAVALETTI

Auch das Longieren über Cavaletti muss durch lösende Übungen vorbereitet werden. Zu diesem Zweck lässt man das Pferd zunächst mit leichter Anlehnung ausgebunden oder bei ruhigen und ausgeglichenen Pferden sogar ohne Ausbindezügel im Trab oder Galopp etwa fünf bis zehn Minuten auf dem mittleren Zirkel an der Longe ablaufen. Die

Zu Beginn schreitet das Pferd noch ohne Dreieckszügel.

Anlegen der Dreieckszügel

Lockeres Traben mit Dreieckszügeln

meisten Pferde werden sich sofort frisch in Bewegung setzen und vielleicht sogar losstürmen. Hier helfen beruhigende Worte, um die Pferde nach und nach zu normalem Tempo zurückzuführen. Dabei sollte die Longe durch leichtes Annehmen und Nachgeben zu Hilfe genommen werden. Selten gibt es Pferde, die sich von Anfang an treiben lassen. Mit ihnen kann die Arbeitsphase nach einigen Runden bereits beginnen.

2. PHASE: ANLEGEN DER DREIECKSZÜGEL

Nach kurzem Handwechsel und Ablongieren auf der anderen Hand folgt das Anlegen bzw. geringe Verkürzen der Dreieckszügel. Wie bei den Ausführungen zum Longieren erläutert, ziehe ich generell die Dreieckszügel den einfachen Ausbindezügeln vor. Es ist zu berücksichtigen, dass das Pferd auf der gebogenen Linie geht. Der innere Dreieckszügel muss daher etwas kürzer verschnallt werden als der äußere. Das richtige Maß wird je nach Alter und Gebäude (Halsform) des Pferdes bei 3 bis 8 cm liegen. Der äußere Dreieckszügel dient dazu, die Innenstellung zu begrenzen und ein Ausweichen über die äußere Schulter zu verhindern. Er muss infolgedessen sicher anstehen. Wird das Pferd mit dem Sattel ohne Longiergurt longiert, sind die Dreieckszügel rechts und links am Sattelgurt unterhalb des Sattelblattes zu befestigen, damit das Pferd seinen Hals über die Bodenricks vorwärts-abwärts dehnen kann. Danach ist auch die Länge der Dreieckszügel auszurichten, die im Laufe der Stunde je nach Bedarf berichtigt werden sollte. Hier, wie auch im Freilaufen, ist ein Longiergurt dem Sattel vorzuziehen, weil in seine Ringe die Dreieckszügel fest und in unterschiedlicher Höhe eingehakt werden und somit nicht nach unten rutschen können.
Im Anschluss an das Ausbinden folgen einige Übungen (beispielsweise Trab-Galopp- und Trab-Schritt-Übergänge) auf dem mittleren Zirkel. Das Pferd wird durch treibende Hilfen mit Longierpeitsche und Stimme dazu veranlasst, den Hals im Trab und Galopp fallen zu lassen und eine vertrauensvolle Anlehnung an das Gebiss zu nehmen. Wenn das nach 10 bis 15 Minuten auf beiden Händen erreicht ist, kann mit der Ausbildung über die Cavaletti begonnen werden.

Das Pferd trabt losgelassen mit leichter Anlehnung.

3. PHASE: LONGIEREN ÜBER CAVALETTI

Das junge Pferd muss zunächst mit dem Bodenrick vertraut gemacht werden. Daher setzt man ihm beim ersten Mal lediglich ein Cavaletti vor und lässt es mehrmals im Schritt oder Trab darübertreten. Wenn die Aufregung nachlässt, baut man weitere Cavaletti an, bis der auf S. 137 beschriebene Aufbau erreicht ist. Man beginnt im Trab, weil die Pferde meistens das Tempo von sich aus beschleunigen, und endet mit Schrittarbeit, um danach die Hand zu wechseln. Bei Pferden, die Cavaletti schon kennen, kann man die Vorzüge des schon beschriebenen Aufbaus von Anfang an ausnutzen. Nachdem man die Pferde zur Vorbereitung auf dem Mittelzirkel longiert hat, wird der Longierkreis nach außen verlegt. Darin liegt bereits eine Schwierigkeit.

Es muss gleich von vornherein gelingen, das Pferd an die Mitte der Cavaletti heranzuführen, damit es den richtigen Abstand findet.

Wie aber wird der Zirkel vergrößert? Indem man die Longe durchgleiten lässt und die Peitsche in Richtung Schulter des Pferdes bewegt. Zur Unterstützung kann man einige Schritte in Richtung des Pferdes gehen, sodass man das Pferd dadurch nach außen treibt. Das Erweitern des Kreisbogens sollte einige Male auf dem Mittelzirkel geübt werden, bevor man das Pferd über die Cavaletti gehen lässt. Erst dann erfolgt die eigentliche Trabarbeit. Hierbei ist zu berücksichtigen, dass der innere Hinterfuß zu mehr Gewichtsaufnahme aufgefordert wird. Auch ohne Anzeichen der Anstrengung empfehle ich, nach 5- bis 8-maligem Traben über die Cavaletti wieder zu dem Mittelkreis zu wechseln, um nach einigen Runden erneut nach außen zu gehen. Der ständige Wechsel zwischen dem mittleren Zirkel und dem Überwinden der Bodenricks im Schritt und Trab ist es, der das Pferd lockert, geschmeidig macht und die Muskeln richtig bildet. Selbst wenn beabsichtigt ist, eine einseitig vorhandene Steifheit des Pferdes zu beheben, darf der Handwechsel nicht vergessen werden. Ich habe die Erfahrung gemacht, dass sich

Die gut anstehende Longe führt das Pferd auf der Zirkellinie genau über die Mitte der Cavaletti.

Das Pferd trabt dynamisch in guter Selbsthaltung.

Pferde nach einer kurzen Pause mit Handwechsel allgemein viel leichter entspannen, als wenn man ständig die schwierige Seite bearbeitet. Die Erfahrung lehrt, dass ein junges Pferd nach anfänglichen Schwierigkeiten schon nach 4- bis 5-maligem Üben an der Longe auch das Reiten über Cavaletti gerne mitmacht.

ÜBUNGSDAUER

Eine Dauer von insgesamt ca. 45 Minuten sollte für das Longieren über Bodenricks genügen, sodass sich die Ausbildungsstunde wie folgt aufgliedert: etwa fünf bis zehn Minuten Schritt, fünf bis zehn Minuten Ablaufen ohne Dreieckszügel, fünf bis zehn Minuten ausgebunden ohne Cavaletti und ca. zehn Minuten im Trab und Schritt über Bodenricks. Am Schluss geht das Pferd wieder ohne Dreieckszügel im Schritt, bis es mit ruhiger Atmung in den Stall zurückgebracht werden kann.

CAVALETTI-AUSBILDUNG UNTER DEM REITER AUF GERADEN LINIEN

Die Ausbildung unter dem Reiter bildet den Schwerpunkt der Arbeit über Bodenricks. Alles andere dient mehr der Vorbereitung auf die eigentliche Aufgabe, soll den Grundstein legen für die spätere Ausbildung und dem Reiter wertvolle Hilfe für die Einwirkung im Sattel sein.

VERSCHIEDENE FORMEN DES CAVALETTI-AUFBAUS

Vor jeder Reitstunde sollte man sich kurz Gedanken über das machen, was man im Laufe der Stunde erreichen möchte, und den dazu passenden Cavaletti-Aufbau wählen. Nach meinen Erfahrungen haben sich für die Arbeit auf geraden Linien verschiedene Aufbauformen bewährt, die im Folgenden kurz erörtert werden sollen.

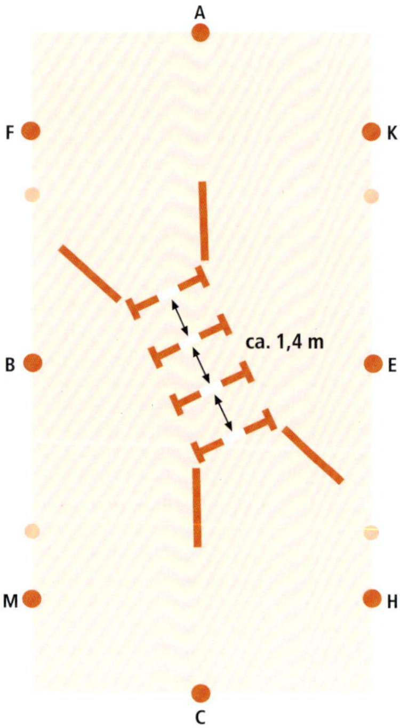

Kennenlernen mit Fängen

Der einfachste Aufbau ist das Aufstellen mehrerer Cavaletti hintereinander unmittelbar an der Bande einer langen Seite oder – im Freien – unmittelbar an der Reitplatzeinfassung, senkrecht zum Hufschlag. Der Vorteil besteht darin, dass die Pferde auf dem gewohnten Hufschlag bleiben können und daher nicht so leicht versuchen werden, seitwärts auszuweichen. Infolgedessen braucht der Reiter auch weniger auf sein Pferd zu achten und kann sein Augenmerk vermehrt auf den eigenen Sitz richten. Reiter und Pferde mit weniger Erfahrung über Cavaletti sollten daher zunächst auf diese Art und Weise mit den Bodenricks vertraut gemacht werden.

Etwas schwieriger ist bereits die Überwindung von Cavaletti, die neben dem Hufschlag aufgestellt sind. Sie haben den Vorzug, dass man nicht in jeder Runde darüberreiten muss, erfordern aber auch jedes Mal ein Abwenden vom Hufschlag. Zur Erleichterung können die Seiten mit Fängen eingefasst werden.

Nur eine geringfügige Abweichung bedeutet der Aufbau auf der Mittellinie, den ich für besonders geeignet halte, weil er die Möglichkeit bietet, jeweils mit Handwechsel durch die Länge der Bahn von beiden Händen über die Ricks zu reiten.

CAVALETTI-ARBEIT IM SCHRITT

Die ersten Übungen über Bodenricks sollten im Schritt erfolgen, weil sich das Pferd in dieser Gangart am sichersten gerade anreiten lässt. Man beginnt mit einem Cavaletti und gibt dem Pferd hierbei zunächst genügend Zügelfreiheit. Die treibenden Hilfen richten sich nach dem Vorwärtsdrang des Pferdes. Das erste Anreiten muss zügig genug erfolgen, notfalls mit Unterstützung der Stimme.

Gerades Schreiten über die Mitte der Cavaletti

Gelassenes Schreiten über Cavaletti mit Zwischentritt

Der Oberkörper des Reiters sollte ein wenig nach vorn geneigt sein, damit er bei einem möglichen Sprung des Pferdes nicht im Rücken stört. Bleibt das Pferd ruhig, wird im Abstand von 0,8 bis 0,9 m ein zweites Bodenrick aufgestellt usw., bis der vorgesehene Aufbau von höchstens vier Cavaletti erreicht ist.

Oft habe ich es erlebt, dass die Pferde beim Anblick mehrerer Bodenricks hintereinander unruhig wurden. Sie beruhigten sich aber sofort wieder, wenn ich ein Cavaletti wegnehmen ließ. Hier war die Steigerung zu plötzlich gekommen. Nach wenigen Minuten konnte das Bodenrick erneut aufgestellt werden.

Sind die Pferde an Bodenricks ausreichend gewöhnt, kann gleich von Anfang an mit dem fertigen Aufbau begonnen werden. Bei den ersten Malen bleiben die Zügel nach Möglichkeit hingegeben. Das Pferd soll sich frei und ungehindert ausbalancieren können. Schreitet es gleichmäßig über die einzelnen Ricks, ist der Zwischenabstand richtig; andernfalls muss der Abstand je nach Schrittlänge des Pferdes korrigiert werden. Das gleichmäßige Schreiten über Bodenricks festigt die natürliche Fußfolge des Schritts. Über Cavaletti wird nur im Mittelschritt geritten. Er muss am langen Zügel, aber mit Genickkontrolle und mit Anlehnung ans Gebiss geritten werden. Das junge Pferd soll im Mittelschritt mit den Hinterhufen deutlich über die Abdrücke der Vorderhufe hinausgreifen.

Über Bodenricks kann dieser Raumgriff gefestigt werden, weil der Zwischenabstand die Schrittlänge vorschreibt. Zu diesem Zweck stellt der Reiter sein junges Pferd zunächst an den Zügel, indem er durch

Treiben mit Gewicht und Schenkel eine weiche Verbindung zwischen der ruhig stehenden Reiterhand und dem Pferdemaul schafft. Sobald das Pferd den Hals fallen lässt und sich willig an den Zügel dehnt, wird es über die Cavaletti geritten. Hierbei werden die Hände möglichst tief genommen. Etwa eine Pferdelänge vor den Ricks geht die Reiterhand etwas in Richtung Pferdemaul vor, damit das Pferd sich im Hals dehnen kann und sich auf keinen Fall eingeengt fühlt. Der Oberkörper des Reiters wird zur Entlastung leicht nach vorn geneigt. Richtig ausgeführt, schreitet das Pferd dann mit tiefer Nase und losgelassener Rückenmuskulatur über die Cavaletti.

Es gelingt nicht immer, eine weiche Anlehnung an das Gebiss herzustellen. Pferde mit tief angesetztem Hals versteifen den Hals, halten sich im Rücken fest und wehren sich gegen den Zügel. In diesen und ähnlichen Fällen hat sich Folgendes bewährt: Man legt vor den Cavaletti eine Volte oder eine Acht an und versucht, das Pferd in der Wendung durch geschickte Hilfengebung und Übertretenlassen zum Nachgeben zu bringen. Aus der Wendung reitet man dann gerade gegen die Cavaletti und lässt die Zügel kurz vorher oder über den Ricks aus der Hand kauen. Meistens dehnt sich das Pferd dann erleichtert nach vorwärts-abwärts, um zu schauen, wohin es tritt, und entspannt dadurch die wichtigen Rückenmuskeln. Jede gute Ausführung sollte durch Klopfen an den Hals gelobt werden. Anschließend wird die Übung einige Male wiederholt, bis der erstrebte Erfolg erreicht ist. Schiefes Hereintreten und mangelndes Geradeausreiten über die Cavaletti bringen die Pferde aus dem Takt, weil der Zwischenabstand auf der schrägen Linie zwangsläufig größer wird. Plötzliches Nachgeben der Zügel vor dem Cavaletti stört das Pferd und verhindert ein williges Dehnen. Das Gegenteil ist die hohe, starre Zügelfaust, wodurch der Rücken des Pferdes am Loslassen gehindert wird. Ich empfehle, zum Treiben vor den Bodenricks den Oberkörper nicht zurückzunehmen, weil es dann meistens nicht mehr gelingt, über dem Rick rechtzeitig wieder zu entlasten. Als treibende Hilfen sind daher Stimme und Unterschenkel vermehrt einzusetzen. Falls eine Gerte mitgeführt wird, soll sie an der Schulter des Pferdes eingesetzt werden, denn die Peitschenhilfe hinter dem Schenkel behindert die Handeinwirkung.

Bei richtigem Einsatz der Cavaletti kann der Mittelschritt noch gefestigt werden, wenn man die Abstände dem Pferd entsprechend an der oberen Grenze – ca. 0,85 bis 0,9 m – aufbaut und spätestens über dem ersten Cavaletti die Zügel aus der Hand kauen lässt, um die Pferde dadurch zur größtmöglichen Dehnung zu veranlassen.

Als Vorbereitung zum Springen und Geländereiten hat sich als weitere Übung das Reiten über Bodenricks im Trab (Übung Zwischenschritt und -tritt) bewährt. Zu diesem Zweck wird in der Mitte ein Cavaletti aus der Reihe herausgenommen, sodass die Pferde einmal einen Tritt ohne Cavaletti machen müssen. Dadurch wird die Aufmerksamkeit erhöht. Die Pferde lernen taxieren und werden zum sicheren Gehen auch auf unebenem Gelände angeleitet.

DIE AUFGABEN DES REITERS

1. Gerades Anreiten
2. Ruhiges, aber fleißiges Tempo
3. Tiefe Halseinstellung mit leichter Anlehnung am langen Zügel (Dehnungshaltung)
4. Eingehen des Oberkörpers in die Bewegung des Pferdes, dabei leichttraben mit Druck in den Bügel nach vorwärts-abwärts

☞ CAVALETTI-AUFBAUVARIANTEN

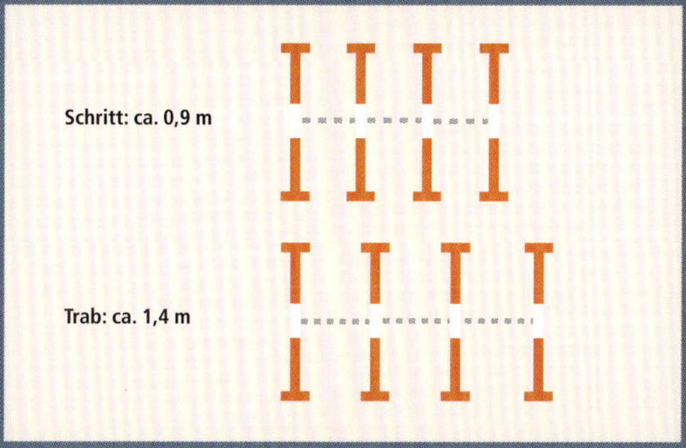

Cavaletti-Aufbau für Trab und Schritt zugleich

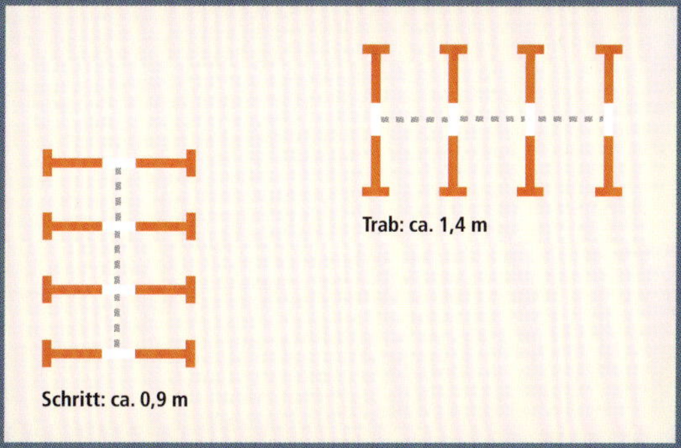

Cavaletti-Aufbau im Schritt an der kurzen Seite, im Trab an der langen Seite

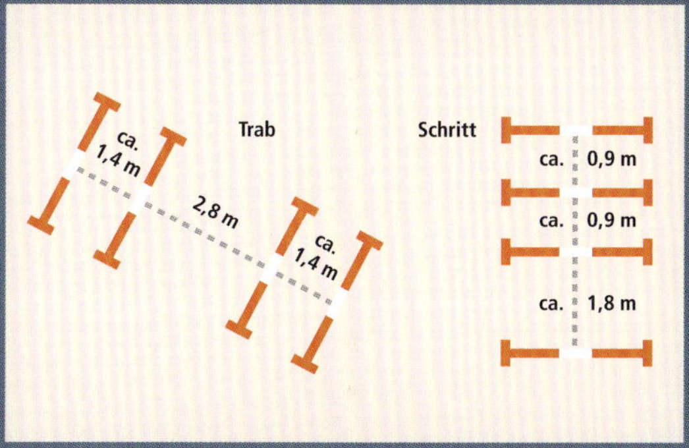

Aufbauvarianten mit Zwischentritt für Schritt und Trab. Von beiden Seiten zu reiten

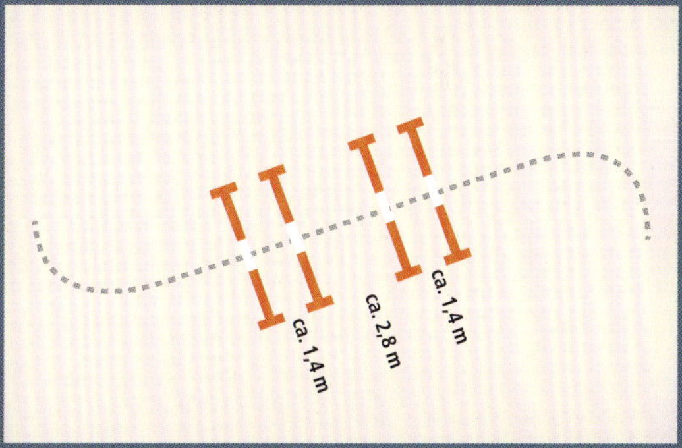

Cavaletti-Aufbau für Zwischentritt im Trab

Cavaletti-Aufbau im Trab auf gerader Linie

CAVALETTI-ARBEIT IM TRAB

Wer mit Schrittreiten über Bodenricks begonnen hat, ist so weit vorbereitet, dass er im Trab sofort über mehrere Cavaletti nach dem eingangs beschriebenen Aufbau reiten kann. Wer mit Trab beginnt, muss die Anforderungen zunächst von einem oder zwei Ricks bis auf vier Cavaletti steigern. Der Abstand beträgt nun ca. 1,3 bis 1,5 m auf niedrigster Höhe.

Der Reiter neigt seinen Oberkörper je nach Tempo des Pferdes ein wenig nach vorn und verlagert sein Gewicht vermehrt auf Oberschenkel, Knie und Bügel. Der Pferderücken wird entlastet. Die Hände des Reiters stehen tief und ruhig beiderseits am Hals unterhalb des Mähnenkammes. Das Knie ist fest angelegt und der Absatz tief, damit

Die gesamte Muskulatur des Pferdes wird bei der Cavaletti-Arbeit angesprochen: kraftvolles Abfußen vor und unter den Schwerpunkt des Pferdes beim Tritte verlängern.

eine sichere Lage der Unterschenkel gewährleistet ist. Die Steigbügel werden etwa zwei bis vier Loch kürzer geschnallt. Die Trabausbildung des Pferdes über Cavaletti sollte nur im Arbeitstempo erfolgen.
Im Arbeitstrab sollen die Hinterfüße möglichst in die Spur der Vorderhufe treten. Das Pferd soll sich taktmäßig, zwanglos und ausdrucksvoll bewegen. Voraussetzung dafür ist ein schwingender Pferderücken, der die von der Hinterhand ausgehende Bewegung fließend und ohne zu stocken auf die Vorhand überträgt. Die Rückenmuskeln können durch das kräftige Abfußen der diagonalen Beinpaare über Cavaletti weiter gebildet werden. Hierzu ist es jedoch erforderlich, dass die Pferde im Leichttraben mit tiefer Halseinstellung geritten werden. Je tiefer das Pferd sich über die Bodenricks vorwärts-abwärts dehnt, desto mehr wölbt es den Rücken auf.
Die beste Übung zur Lockerung des Rückens und zur Stärkung der Rückenmuskeln ist das Zügel-aus-der-Hand-kauen-lassen über den Cavaletti.
Pferde, die faul sind, lassen sich durch Treiben noch verhältnismäßig leicht heranreiten. Die meisten Pferde werden beim Anblick der Bodenricks eiliger und würden am liebsten angaloppieren. Hier heißt es, durch halbe Paraden das Arbeitstempo beizubehalten und durch gefühlvolles Annehmen und Nachgeben der Zügel zu verhindern, dass sich das Pferd vorher zu sehr heraushebt oder auf das Gebiss legt. Denn mit angehobener Nase versteift sich das Pferd über den Bodenricks nur noch mehr, verliert die Balance und macht sich im Rücken fest. Gelingt die Beruhigung nach kurzer Zeit nicht, sind die Anforderungen wieder auf ein Cavaletti zurückzuführen. Ein leichtes Anheben des Halses ist am Anfang bei jüngeren Pferden ganz normal.
Bei Pferden mit Hals- und Ganaschenschwierigkeiten, mit empfindlichem Rücken oder Misstrauen gegen das Gebiss kann es anders sein. Diese Pferde lassen sich schon ohne Cavaletti nur mit viel Einwirkung an den Zügel stellen. Sie sollten zuerst auf dem Zirkel und in Schlangenlinien zum Nachgeben veranlasst werden. Erst wenn es gelungen ist, ihnen den Weg in die Tiefe zu zeigen und das Tempo zu regulieren, können sie über Cavaletti getrabt werden. Oft beruhigt auch ein mehrmaliges Anreiten und wieder Abwenden, das Anlegen einer großen Volte vor den Bodenricks, Durchparieren und Abwenden oder Anhalten vor dem ersten Rick, sodass es dann gelingt, das Pferd ruhig über die Cavaletti zu traben.
Es ist wichtig, vor, über und nach den Cavaletti ein ruhiges, gleichmäßiges, aber fleißiges Tempo zu wählen. Ist das Tempo von Anfang an zu frei, besteht die Gefahr des Eiligwerdens. Das Pferd verkrampft sich, galoppiert an oder verliert seinen Rhythmus durch plötzliches Verkürzen und wieder Zulegen vor dem ersten Rick.
Zeitlich gesehen folgt die Trabausbildung über Bodenricks im Anschluss an das Schrittreiten. Als Dauer sind 10 bis 15 Minuten mit kurzen Zwischenpausen anzusetzen.

Cavaletti-Arbeit macht Reitern und Pferden Freude.

NATÜRLICHE SCHÖNHEIT

Durch die Förderung seiner natürlichen Bewegung wird das Pferd kräftiger und schöner.

CAVALETTI-AUSBILDUNG UNTER DEM REITER AUF GEBOGENEN LINIEN

Nachdem das junge Pferd die Cavaletti-Arbeit auf geraden Linien sicher erlernt hat, kann mit der schwierigeren, aber auch effektiveren Arbeit auf gebogenen Linien begonnen werden. Durch diese Cavaletti-Arbeit auf gebogenen Linien kann man einseitige Steifheiten besser lösen und das Pferd geschmeidiger auf beiden Händen stellen und biegen. Da nicht gerade gerichtete Pferde in den Wendungen den Takt verlieren können, dienen Cavaletti auf gebogenen Zirkellinien dem taktmäßigen, elastischen Abfedern in Richtung unter den Schwerpunkt. Während des Tretens über Bodenricks hat das Pferd kaum Gelegenheit, mit den Hinterbeinen seitlich aus der Spur der Vorderhufe auszuweichen. Das Abfußen und die Trittlänge sind durch die Ricks so vorgegeben, dass die Pferde von selbst den natürlichen Rhythmus ihrer Bewegungen beibehalten. Beim Aufbau muss sorgfältig darauf geachtet werden, dass die einzelnen Cavaletti strahlenförmig in gleichem Abstand der gebogenen Linie angepasst werden.

Auf gebogenen Linien erhöhen sich die Anforderungen an Rittigkeit und Geschmeidigkeit.

Da das Reiten über Cavaletti auf gebogenen Linien die höchsten Anforderungen stellt und besonders der innere Hinterfuß stark belastet wird, kann jede falsche oder zu lange Anwendung schadhaft sein. Man sollte daher vorab stets prüfen, ob der Ausbildungsstand des Pferdes ein Reiten über Ricks auf gebogenen Linien schon zulässt. Ist diese Frage zu bejahen, schlage ich für die Übung selbst wieder die Einteilung in verschiedene Phasen vor.

1. PHASE: LÖSENDE ÜBUNGEN

Die erste Phase dient dem Lösen und der Vorbereitung. In der Schrittphase von etwa zehn Minuten werden bereits Schritt-Cavaletti mit hingegebenem Zügel eingebaut. Dann wird angetrabt. Der Reiter trabt leicht und löst sein Pferd auf gebogenen und geraden Linien bei häufigem Handwechsel. Zwischenzeitlich wird auf beiden Händen im leichten Sitz galoppiert. In die Trabarbeit werden Cavaletti auf gerader Linie einige Male eingebunden. Ziel der Lösungsphase ist das Zügel-aus-der-Hand-kauen-lassen über den Cavaletti im Leichttraben. Anschließend folgt eine Schrittpause mit hingegebenem Zügel.

2. PHASE: ARBEIT AUF GEBOGENEN LINIEN

Die zweite Phase ist der eigentlichen Arbeit auf gebogenen Linien vorbehalten. Sie darf nicht zu lange ausgedehnt werden und erfordert ein gutes Maß an reiterlichem Gefühl.
Der Reiter trabt leicht und stellt sein Pferd im Arbeitstempo auf die Zirkellinie ein. Kurz vor den Cavaletti schiebt er die Hände ein wenig vor und achtet darauf, genau die Mitte der Bodenricks anzureiten. Geht das Pferd auf die Hilfen des Reiters ein, wird in der nächsten Runde der Zirkel gewechselt, damit die gleiche Übung auf der anderen Hand geritten werden kann. Wer nur auf einem Zirkel Bodenricks aufgestellt hat, reitet die Lektion „Durch den Zirkel wechseln" und kommt dadurch auf die andere Hand.
Die steife Seite wird selbstverständlich öfter beachtet, doch hat die Erfahrung gelehrt, dass ein gelegentlicher Handwechsel ebenso der steifen Seite zugutekommt, sei es auch nur, um die Gedanken von der schwierigen Seite wegzulenken und das Pferd wieder willig und zufrieden zu machen. Zusätzliche Trab-Galopp- und Galopp-Trab-Übergänge fördern die Durchlässigkeit des Pferdes und werden wie folgt geritten: Der Reiter trabt leicht über die Cavaletti, sitzt danach aus und galoppiert an. Er galoppiert eine Runde an den Cavaletti vorbei und pariert rechtzeitig vor den Trab-Cavaletti wieder durch. Später kann diese Übung auch auf nur einer Zirkelrunde geritten werden.

Zum Abschluss der Stunde: Zügel aus der Hand kauen lassen

Auch die Schritt-Cavaletti auf geraden Linien können in die Arbeitsphase mit einbezogen werden. Der Reiter trabt auf die Cavaletti zu, pariert rechtzeitig durch zum Schritt und reitet vor den Cavaletti einige Pferdelängen Schritt am langen Zügel, damit das Pferd zum sicheren Schreiten kommt. Nach den Cavaletti folgt der Übergang zum Trab. Nach einigen Wiederholungen kann das Durchparieren zum Schritt erst unmittelbar vor den Cavaletti, der Übergang zum Trab unmittelbar danach erfolgen.

Nach jedem Abschnitt, der mit einer erfolgreichen Übung abgeschlossen wird, wird fleißig geradeaus und vorwärts geritten. Hier gilt es, durch Vorwärtsreiten an den langen Seiten die Frische der Bewegungen zu erneuern. Vorwärtsreiten ist immer angebracht, wenn es darum geht, Steifheiten oder Widersetzlichkeiten des Pferdes zu überwinden, die Hinterbeine wieder zum aktiven Abfußen aufzufordern und das Geraderichten zu verbessern. Der bereits erwähnte Satz von Gustav Steinbrecht, „Reite dein Pferd vorwärts und richte es gerade!“, sollte jedem Reiter immer im Gedächtnis sein. Kurze Schrittpausen dürfen auch in der Arbeitsphase nicht fehlen.

Bei der Rückkehr auf den Zirkel wird zunächst wieder die Mitte der Cavaletti angeritten. Nach und nach sollte der Reiter dann bestrebt sein, den Kreisbogen etwas zu vergrößern. Da die Abstände außen breiter sind, muss sich das Pferd noch mehr dehnen.

Der innere Hinterfuß wird zu einem Höchstmaß an kräftigem Abfußen und Vortreten aufgefordert und gleichzeitig zur vermehrten Gewichtsaufnahme veranlasst.

Hier ist fast die Grenze zwischen Muskelaufbautraining und einem durch Überlastung möglichen Verschleiß erreicht. Deshalb darf das Vergrößern des Zirkels lediglich einige Male auf jeder Hand geritten werden.

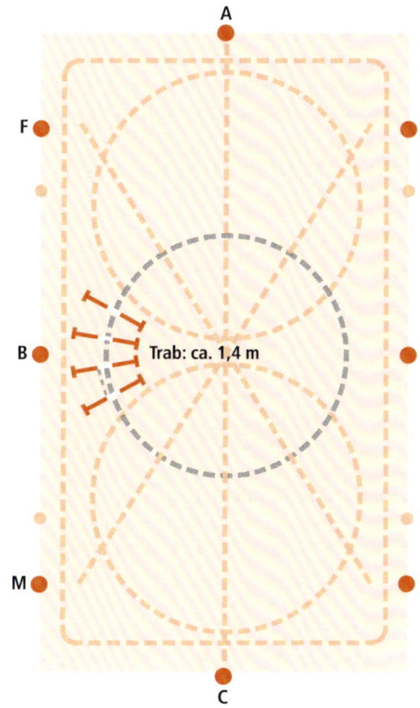

Aufbau im Trab auf dem Mittelzirkel. Zirkellinien, erster Hufschlag, Diagonalen und Mittellinie bleiben frei.

3. PHASE: DER GUTE ABSCHLUSS

Die dritte Phase soll sicherstellen, dass die Arbeit langsam ausklingt. Das Pferd soll zufrieden und ruhig in den Stall zurückkehren, damit es am nächsten Tag umso freudiger mit der Arbeit beginnt. Aus diesem Grund empfiehlt es sich, die Reitstunde mit einigen einfachen Übungen zu beenden, von denen man weiß, dass das Pferd sie beherrscht. Ein guter Abschluss ist für den nächsten Tag sehr wichtig.

Daher lohnt es sich, im Anschluss an die Arbeit auf gebogenen Linien noch einige Male geradeaus über Bodenricks zu traben und dabei die Zügel zum Abschluss aus der Hand kauen zu lassen. In die abschließende Schrittphase mit hingegebenem Zügel kann man nochmals die Schritt-Cavaletti einbauen.

Die Ausführungen zu „Cavaletti-Arbeit im Galopp“ finden Sie in dem nun folgenden Kapitel „Springausbildung“.

Weitere und detailliertere Ausführungen zur Cavaletti-Arbeit finden Sie in meinem Buch „Cavaletti – Dressur und Springen“.

DIE SPRINGAUSBILDUNG
— *ohne und mit Reiter*

SPRINGEN OHNE REITER

FREISPRINGEN IM ERSTEN AUSBILDUNGSJAHR

Zur Grundausbildung des jungen Pferdes gehört neben der Dressur ebenso die Bodenrick- und Geländeausbildung, besonders aber die Springausbildung. Als Vorbereitung dazu ist das Freispringen sehr wertvoll und unerlässlich. Die ersten Springerfahrungen sollte das Pferd ohne das zunächst störende Reitergewicht machen, da es schon ausreichend mit sich selbst beschäftigt ist, den komplexen Bewegungsablauf zu erlernen und die Balance zu finden. Durch zahlreiche Möglichkeiten der Präsentation, z. B. bei Schauen, Körungen, Auktionen sowie Stuten- und Hengstleistungsprüfungen (es gibt sogar schon Wettbewerbe im Freispringen), hat sich diese Ausbildungsmöglichkeit als Vorbereitung zur Springausbildung sehr bewährt. Fachleute können ohne Zweifel beim Freispringen an der Springfreude, der Springmanier, der Leistungsbereitschaft und dem Leistungsvermögen erkennen, ob es sich um ein überdurchschnittlich oder eher weniger veranlagtes junges Pferd handelt.
Aber auch in reinen Dressurställen wird vom Freispringen Gebrauch gemacht. Mein Vater berichtete mir, dass bei Otto Lörke, dem wohl erfolgreichsten Ausbilder der Vor- und Nachkriegszeit, im Gestüt Vornholz in Ostenfelde für die Dressurpferde einmal in der Woche Freispringen auf dem Programm stand.

ZIELE

Neben dem Sammeln der ersten Springerfahrung sollen durch das Freispringen:

- das Vertrauen und die Springfreude entwickelt,
- das Gleichgewicht im Sprungablauf gefunden,
- das Taxieren erlernt,
- die Geschicklichkeit und Koordination am Sprung verbessert,
- die Selbstständigkeit und das „Mitdenken“ gefördert,
- die Springmanier (Bascule) erlernt und
- die Beintechnik verbessert werden.

Gut basculierend, das Pferd überspringt sich jedoch noch etwas.

Das Interieur des jungen Pferdes hat dabei wesentlichen Einfluss auf den Erfolg der Ausbildung. Beispielsweise versuchen schlaue, selbstbewusste oder auch „schlitzohrige" Pferde vorbeizulaufen oder kehrtzumachen. Der Ausbilder muss hier vorausdenken und in seiner Reaktion die berühmte Zehntelsekunde schneller sein als das Pferd. Auch Freispringen ist eine Erziehungssache zum Gehorsam. Konsequent muss darauf geachtet werden, dass das junge Pferd mit seinen „Spielchen" nicht durchkommt und etwa seinerseits die Peitschenführer „auf Trab" hält. Andererseits gibt es Pferdetypen, deren Veranlagung zum Springen geringer ist oder die sich in einer Wachstumsphase (z. B. hinten überbaut) befinden. Hier muss der Ausbilder behutsam vorgehen und erkennen, ob das Pferd dieses Defizit durch sein Bemühen, viel Herz und Kampfgeist (hohe Eigenmotivation) ausgleichen kann.

VORGEHENSWEISE

Durch die richtige Vorgehensweise und die Erfahrung des Ausbilders kann die Weiterbildung des jungen Pferdes im Freispringen gefördert werden. Nachfolgende Grundsätze und Maßnahmen haben sich in der Praxis gut bewährt:
— anfangs einmal wöchentlich,
— zwei bis drei Helfer mit Peitschen,
— 20 x 40 m Halle besser, bei 20 x 60 m Halle 20 m abtrennen,
— Spiegel verdecken, ausreichend hohe Bande/Tür sicherstellen,
— Hafereimer,
— Pferd mit Gamaschen, bei Bedarf Sprungglocken,
— Trense ohne Zügel (bzw. hochgebunden im Kehlriemen),
— Strick ohne Haken zum Anführen,
— Trassierband, ggf. Fangständer,
— Bandenständer, Cavaletti (ohne Kreuze), Ständer, Stangen,
— ohne Sattel.

Die Hindernisse werden vor dem ersten Freispringen in der Halle komplett aufgebaut. Dann werden die Stangen seitlich neben die Ständer gelegt und alle Auflagen entfernt, damit sich das Pferd nicht daran verletzen kann.
Die Ständer, verbunden mit dem Trassierband, bilden eine Gasse, wobei vor dem ersten und nach dem letzten Hindernis noch jeweils 3 bis 5 m länger abtrassiert wird. Damit wird sichergestellt, dass das Pferd gerade über das erste und letzte Hindernis springt und nicht sofort abwendet. Falls keine Bandenständer vorhanden sind, muss der Freiraum zwischen Bande und Ständer unbedingt ausgefüllt werden (z. B. mit einer Stange), sodass dieser Weg für das junge Pferd versperrt ist. Die Springrichtung sollte anfangs zum Eingang sein, um den Stalldrang des Pferdes positiv zu nutzen. Wir fangen auf der linken Hand an, da das junge

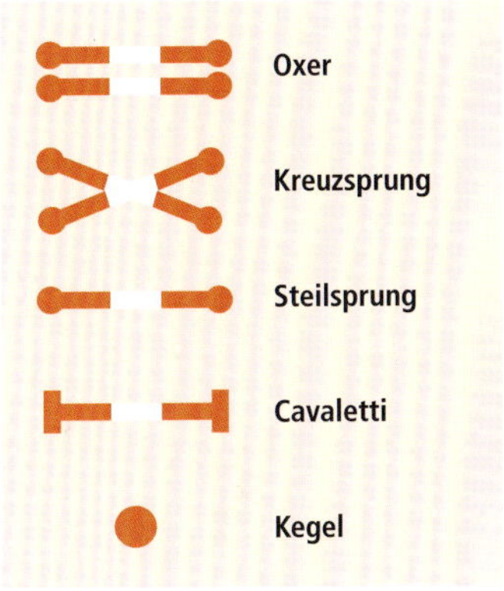

Hilfsmaterialien

Einfacher Aufbau für die ersten Sprünge

Pferd an das Anführen auf dieser Hand gewöhnt ist. Wenn das junge Pferd später frei seine Runden läuft, darf das Tempo weder zu ruhig noch zu eilig sein. Das geregelte Arbeitstempo hat sich in der Praxis sehr gut bewährt.

Vor dem Beginn des Freispringens muss das Pferd durch Freilaufen oder auch Longieren gelöst werden. Bei normalem Trainingszustand empfehlen sich zehn Minuten Schritt (Führen) und anschließend zehn Minuten Trab/Galopp. Hierbei kann es seinen Übermut abbauen, der Körper wird aufgewärmt und so die Verletzungsgefahr reduziert. Außerdem sollten die Helfer darauf achten, dass das junge Pferd in den Ecken nicht abrupt abstoppt. Beim ersten Freispringen wird dem jungen Pferd ein oder zwei Mal an der Hand im Schritt oder auch im Trab der Weg durch die Gasse zwischen Bande und Ständern gezeigt, damit es sich an die Abgrenzung und die ungewohnte Umgebung gewöhnen kann. Anschließend kann man es über ein niedrig gestelltes Bodenrick führen.

Danach erhöht man das Bodenrick, versieht es mit einer Absprungstange und lässt das Pferd allein darüber springen. Dieses wird auf beiden Händen geübt.

Nach jedem gelungenen Durchgang wird das Pferd gelobt, um die Springfreude zu fördern. Besonders ängstliche, aber auch besonders heftige Pferde werden dabei jedes Mal wieder eingefangen und aus dem Schritt angeführt. Der Ausbilder muss besonderes Einfühlungsvermögen haben, wenn ein Pferd beim ersten Sprung zögert und angetrieben werden muss. Beim zweiten Mal muss er darauf achten, ob das junge Pferd den Sprung nun eigenständig anzieht oder nochmals angetrieben werden muss.

Die Anzahl der Hindernisse wird dann schrittweise erhöht. Nach dem ersten Bodenrick hat sich ein kleiner Kreuzsprung bewährt, da er das Pferd zum Springen in der Mitte erzieht. Eine vorgelegte Absprungstange kann bei Steilsprüngen die Flugkurve verbessern. Insgesamt benötigen wir drei bis vier Hindernisse im Abstand von 3 bis 3,5 m als In-Out zu Beginn und mit 6,5 bis 7 m bzw. 10 bis 10,5 m Abstand, wenn das Pferd einen bzw. zwei Galoppsprünge dazwischen machen soll. Je nach Länge des Galoppsprunges müssen die Abstände individuell an das junge Pferd angepasst werden. Dadurch kann sich das Pferd voll auf das Hindernis konzentrieren, ohne in diesem frühen Stadium gleichzeitig noch seinen eigenen Galoppsprung verlängern oder verkürzen zu müssen.

Die Höhe der Hindernisse sollte anfangs zwischen 60 cm und 1 m liegen. Als letzter Sprung der Reihe eignet sich ein kleiner und einladender Oxer, dessen hintere Stange ca. 10 cm höher ist als die vordere, sodass er als Hochweitsprung flüssig überwunden werden kann.

Von den Helfern ist jeweils einer am Anfang und einer am Ende der Springreihe positioniert, der dritte steht in der Bahnmitte. Mit den Peitschen wird das Pferd angetrieben, nicht aber durch lautes Peitschen-

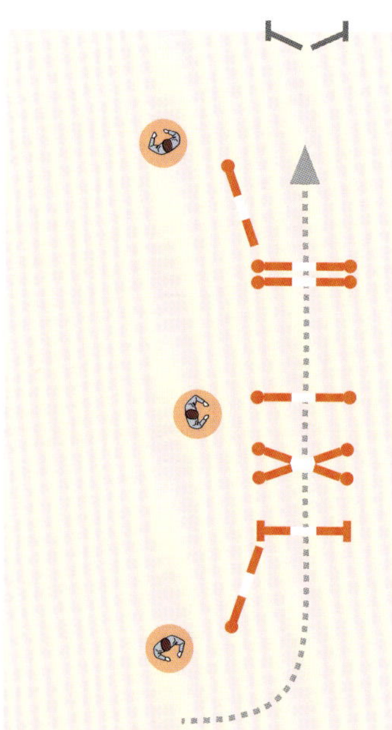

Freispringen von der linken Hand

Gut gemacht!

knallen verschreckt. Die Stimme wird durch Schnalzen zum Antreiben oder aber zum Beruhigen und Loben eingesetzt.
Nach jeder gelungenen Übung muss das Pferd ausreichend gelobt werden. Hierzu darf es in die Bahnmitte kommen und sich ein Maul voll Hafer aus dem Eimer nehmen – so wird das Vertrauen gefördert. Dieses gilt ebenso in den Umbaupausen, in denen weitere Elemente in die Springreihe eingefügt werden.
Wie oft und wie lange das junge Pferd springen soll, ist individuell verschieden. Manche schnauben und schwitzen schnell vor Aufregung und sollten deshalb nach einigen Durchläufen eine Schrittpause bekommen, wenn nötig durch Führen an der Hand. Zu beachten ist weiterhin, dass junge Pferde noch wenig Kondition haben, deshalb schnell abbauen und mit der Kraft auch die Konzentration verlieren. Dies muss der Ausbilder erkennen und rechtzeitig, bevor sich das Pferd etwa verletzt, mit einem guten Abschluss das Freispringen beenden. Nach dem Freispringen ist es selbstverständlich, das Pferd so lange trocken zu führen, dass es ruhig und gelassen in seinen Stall zurückkommt. In den ersten Wochen kommt es nicht auf die Höhe der Hindernisse an, sondern auf das Entwickeln der Springfreude.

AUFGEPASST!
Ich habe schon junge Pferde erlebt, die nach Absolvieren einer Reihe blitzschnell kehrtgemacht haben und dann die Reihe von der verkehrten Seite zurückgesprungen sind. Dies kann gerade bei einem hinten höher gebauten Oxer gefährlich sein und muss unbedingt verhindert werden.

TIPPS FÜR DEN OPTIMALEN AUSBILDUNGSERFOLG

Beim Freispringen ist dieser Kleine ganz groß.

Gerade beim Überwinden der ersten Hindernisse macht das junge Pferd noch unbeholfene Sprünge, und die Bewegungen sind teilweise noch nicht ausreichend koordiniert und ausbalanciert. Einige junge Pferde finden nicht sofort den richtigen Absprung und verkrampfen sich. Es dauert eine Weile, bis sie Vertrauen gewonnen haben und im Fluss springen.

Einen Aufbau mit fünf und mehr Hindernissen halte ich nicht für gut, da er nicht nur sehr aufwendig ist, sondern auch keinen zusätzlichen Trainingseffekt hat.

Wenn das Pferd nach einigen Wochen die Übungen sicher absolviert, können die Anforderungen langsam gesteigert werden. Hierbei werden zunächst die hinteren Hindernisse erhöht, damit gewährleistet ist, dass das junge Pferd seinen Rhythmus gefunden hat (auch wenn es etwas eilig in die Reihe hineingaloppiert ist). Bei einer Verbreiterung der Oxer muss auf die richtigen Distanzen geachtet werden. Der erfahrene Ausbilder erkennt auch, wann das junge Pferd unterfordert ist und ihm deshalb langweilig wird. Derartig talentierte Pferde warten geradezu auf eine Steigerung der Anforderungen.

Niedrig gestellte Cavaletti zwischen den Sprüngen helfen dem Pferd, im Rhythmus zu bleiben und den richtigen Absprung zu finden. Falls keine Cavaletti vorhanden sind, kann man auch alternativ Stangen verwenden. Nachteilig ist dabei allerdings die erhöhte Verletzungsgefahr bei einem Wegrollen der Stangen.

Springt ein Pferd oft verspannt und verkrampft oder zeigt sich allgemein unsicher, müssen die Anforderungen zunächst wieder reduziert werden. Qualität und Ausbildungseffekt des Freispringens sind besonders abhängig von Routine, Erfahrung und Gefühl des Ausbilders. Folgendes ist von ihm zu beachten:

- mit welchen Distanzen und Abmessungen bei einem Pferd angefangen und aufgehört wird,
- welche Pferde durchgaloppieren können und welche Pferde – weil sie zu schnell und zu heftig sind – nach dem letzten Hindernis eingefangen und aus dem Schritt wieder angeführt werden müssen,
- was bei Pferden, die zu schnell und zu flach über die ersten Hindernisse springen und zu nah an das letzte Hindernis kommen, zu tun ist: Man legt beispielsweise eine Stange zwischen die Hindernisse,
- ob z. B. das erste oder besser das zweite niedrige Hindernis geringfügig erhöht wird, damit das Pferd passend an das letzte erhöhte Hindernis herankommt,
- wie bei hoch veranlagten Pferden der letzte Sprung erhöht wird – mehr als Triplebarre oder wie ein Oxer mit erhöhter letzter Stange.

WAS TUN, WENN …

… das Pferd verweigert? Es wird an der Hand aus der Reihe herausgeführt. Die Hindernisse werden in der Höhe reduziert, und beim nächsten Durchgang wird das Pferd mit Peitsche und Stimme angetrieben. Wenn die Übung gut und flüssig absolviert wird, kann die ursprüngliche Höhe wieder aufgelegt werden.
Falls ein Pferd mehrfach verweigert, müssen durch den Abbau von Hindernissen die Anzahl und damit die Anforderungen reduziert werden. Erst immer wieder die Basis festigen, bevor neue Aufgaben hinzugefügt werden.
Gleiches gilt, falls ein Pferd einmal in ein Hindernis hineingesprungen ist und sich dabei wehgetan hat. Zunächst ist es wichtig, das Vertrauen des Pferdes zurückzugewinnen und mit niedrigen Hindernissen neu zu beginnen. Ein selbstbewusster Pferdetyp steckt solch ein Erlebnis besser weg als ein ängstlicher. Der Ausbilder muss die Psyche seines Pferdes kennen und darauf eingehen.
… das Pferd Fehler macht oder zu flach springt? Jedes Pferd macht anfangs mal einen Fehler und wirft eine Stange ab. Entscheidend ist die Reaktion danach. Bei den meisten Pferden kann man ein deutlich aufmerksameres Springen beobachten. Durch solche Fehler werden die Pferde zur Vorsicht erzogen.
… ein Pferd zögerlich springt? Pferde, die zu zögerlich springen oder auch nach dem ersten Hindernis in den Trab fallen, werden durch ein Bodenrick nach dem ersten Hindernis zum Weitergaloppieren angeregt, sodass der Ablauf flüssiger wird. Die Peitschenführer müssen das Pferd ggf. sinnvoll unterstützen.
… ein Pferd hektisch, zu schnell oder ohne Rücken springt? Pferde, die zu schnell auf das erste Hindernis zugaloppieren, können z. B. durch zwei Cavaletti, die im Abstand von 3 bis 3,5 m als In-Out aufgebaut sind, abgebremst werden. Pferde, die zu weit über das erste Hindernis springen und somit zu dicht an das nächste herankommen, kann man durch ein zwischen die Hindernisse gestelltes Bodenrick zur besseren Einteilung und damit zum flüssigeren Springen erziehen. Der Abstand sollte dabei ca. 3 bis 3,5 m nach dem ersten Hindernis betragen.
Generell sollte jede Trainingseinheit nur mit einer ordentlich absolvierten Übung beendet werden, damit sich das Pferd beim nächsten Freispringen positiv erinnert. Es ist nicht problematisch, dass dabei die Anforderungen durchaus auch niedriger sein können als zu Beginn des Trainings. Das Lob nach einem guten Sprung darf keinesfalls fehlen!
Meiner Auffassung nach springen junge Pferde je nach natürlicher Veranlagung bis zu einer bestimmten Höhe gerne, wenn man es richtig anfängt. Es geht beim jungen Pferd im Wesentlichen um die Springfreude und Springmanier, auf die man schon beim ersten Freispringen Wert legen sollte.

ERSTE ERFAHRUNGEN SIND ENTSCHEIDEND

Je sorgfältiger, ruhiger und pferdegerechter man zu Beginn vorgeht, umso leichter und unkomplizierter kann später das Freispringen durchgeführt werden.

SPRINGEN UNTER DEM REITER

VORAUSSETZUNGEN

Bevor man die ersten kleinen Sprünge unter dem Reiter macht, sollte das junge Pferd bereits erste Erfahrungen durch Longieren und Reiten über Bodenricks und besonders durch das Freispringen gesammelt haben. Ob man nun nach einem, zwei oder drei Monaten unter dem Sattel mit den ersten kleinen Sprüngen beginnt, ist von Pferd zu Pferd verschieden und von den Interessen des Ausbilders abhängig.
Die Springausbildung im ersten Ausbildungsjahr muss je nach Veranlagung und „Mitmachen" des Pferdes unterschiedlich gestaltet werden. Den Ausbildungsweg vom ersten Springen bis zum leichten A-Parcours kann man in folgende Phasen einteilen:

- erstes Springen an der langen Seite,
- Gymnastikspringen mit Cavaletti bzw. Springreihen,
- Springen von Einzelhindernissen,
- Springen von Hindernisfolgen und Kombinationen (gerade/gebogene Linien),
- Springen eines leichten A-Parcours.

Die ersten Sprünge sollten immer entweder auf dem eingezäunten Reitplatz oder aber in der Reithalle absolviert werden, da das junge Pferd gerade am Anfang gelegentlich noch außer Kontrolle geraten kann. Der Reiter trägt immer eine Sicherheitskappe und ist mit einer Springgerte ausgerüstet. Falls überhaupt notwendig sollten nur kleine und stumpfe Sporen eingesetzt werden.
Grundsätzlich sollten die ersten Sprünge von einem erfahrenen Reiter gemacht werden, der das Pferd bei anfänglich noch unbeholfenen Sätzen nicht im Maul stört und ihm nicht in den Rücken fällt. Wichtig ist das richtige Abreiten und Gewöhnen des Pferdes an die Hindernisse. Hierzu reitet man um die Hindernisse herum, lässt das junge Pferd die Hindernisse beschnuppern und lobt es dabei, um das nötige Vertrauen aufzubauen. Bei häufigen Tempi- und Handwechseln zwischen den Hindernissen lässt man die Zügel aus der Hand kauen. Der Galopp wird im leichten Sitz geritten, das Pferd galoppiert in Selbsthaltung mit der Stirnlinie leicht vor der Senkrechten.

Niedriger Kreuzsprung mit seitlicher Begrenzung

ERSTES SPRINGEN MIT SEITLICHER BEGRENZUNG

Sobald ich so weit auf mein Pferd einwirken kann, dass Tempo und Weg regulierbar sind, beginne ich mit ersten kleinen Sprüngen an der Bande der langen Seite. Dieses Springen findet am Ende einer Stunde statt. Zunächst springe ich immer in Richtung Ausgang und idealerweise mit Führpferd, da es dem Herdentier Pferd so wesentlich leichter fällt.

Der Sprung kann wahlweise ein Cavaletti oder ein kleiner Kreuzsprung sein und wird im Trab angeritten.

Wenn die Übung in Richtung Ausgang gelingt, mache ich einen Handwechsel und springe vom Ausgang weg über das Hindernis. Nach dem Sprung wird das Pferd gelobt und wieder ruhig zum Trab durchpariert. Genauso gehe ich im Galopp vor. Bei evtl. auftretenden Schwierigkeiten bitte ich einen Helfer, sich ca. 2 bis 3 m seitlich

Steilsprung mit seitlicher Begrenzung und deutlich vorgerollter Absprungstange

neben dem Hindernis zu platzieren. Den gleichen Dienst würde ein Fangständer erfüllen, der in der Praxis aber leider nur selten schnell zur Hand ist. Als seitliche Begrenzung kann aber auch eine schräg gelegte Stange dienen, um dem Pferd eine bessere Führung zu geben. Gelingt die Übung gut, kann man schon bald aus dem Hindernis einen Steilsprung machen und diesen bis auf ca. 80 cm erhöhen. Hierbei sollte immer auf eine vorgezogene Grundlinie geachtet werden, da der ideale Punkt des Absprungs in diesem Ausbildungsstadium noch nicht vom Reiter bestimmt werden kann. Im Prinzip muss

Oxer mit seitlicher Begrenzung und Unterbau

man sich diese Arbeit vorstellen wie Freispringen unter dem Reiter. Der Reiter führt mit ganz leichter, tiefer Hand, lässt das Pferd hinschauen und geht geschmeidig in der Bewegung des Pferdes mit. Bis das Springen kleinerer Hindernisse für das Pferd selbstverständlich ist, wiederhole ich diese Übung relativ häufig, d. h. etwa zwei bis drei Mal wöchentlich. Dies nimmt nur fünf bis zehn Minuten am Ende einer Ausbildungsstunde in Anspruch und bedeutet keinerlei Stress für das Pferd. Es geht primär um den Gewöhnungseffekt und die Vertrauensbildung beim Pferd.

Wenn das junge Pferd dieses Hindernis an der Bande flüssig überwindet und nicht mehr zu viel schwankt, kann der nächste Schritt ein einzelnes Hindernis in der Bahnmitte sein, welches ebenfalls einige Male geübt wird. Auch hier gilt wieder: zunächst dem Pferd die Sprünge in Ruhe zeigen und dann in Richtung Ausgang springen. Man wundert sich, wie schnell die Pferde das Springen erlernen, wenn man dies beachtet.

GYMNASTIKSPRINGEN MIT CAVALETTI BZW. SPRINGREIHEN

Nachdem das junge Pferd gelernt hat, ein einzelnes Hindernis sicher zu überwinden, kann mit dem Gymnastikspringen begonnen werden. Die zuvor gemachten Ausführungen zu Führpferd, Fangständer und Springen in Richtung Ausgang haben auch hier ihre Gültigkeit. Der Reiter ist immer für das angemessene Tempo und das gerade Anreiten über die Mitte der Hindernisse verantwortlich.

Cavaletti als Vorbereitung für das Springen von Gymnastikreihen

Die Phase des Weiterreitens nach dem letzten Hindernis sollte besonders beachtet werden, damit das junge Pferd nicht unkontrolliert davonstürmt, sondern sich vielmehr auf die Hilfen des Reiters konzentriert. Hilfreiche Übungen hierzu sind Durchparieren zum Trab (später auch zum Schritt oder zum Halten) oder auch eine Runde auf dem Zirkel. Die springmäßige Gymnastizierung erfordert höchste Konzentration und eine besondere Kraftentwicklung aus der Hinterhand des Pferdes, weshalb Pausen wichtig sind. Wie oft und wie lange junge Pferde Gymnastikreihen üben sollten, ist von Pferd zu Pferd verschieden. Einerseits lernt das Pferd durch häufige Wiederholungen, andererseits stumpft es ohne Abwechslung in der Aufgabenstellung ab. Diese Gratwanderung erfordert viel Einfühlungsvermögen von Reiter und Ausbilder.
Generell sollten die Reihen zunächst komplett aufgebaut und die Distanzen abgemessen sein. Vor Beginn der Arbeit werden dann die Stangen entfernt und seitlich neben die Ständer auf den Boden gelegt. Nur die Trab-Cavaletti bleiben stehen und können in die Lösungsphase mit

Springen über Gymnastikreihen fördert die Konzentration und Koordination des Pferdes.

eingebunden werden. Schrittweise wird dann der Aufbau im Verlauf der Stunde in Springrichtung vervollständigt und die Hindernisse werden langsam erhöht.

Beim Anreiten einer Reihe sitzt der Reiter im Entlastungssitz aus, um nicht vor die Bewegung des Pferdes zu kommen. Der Oberkörper ist leicht in die Bewegungsrichtung geneigt, um beim Absprung in die Bewegung mitgehen zu können. Die Handführung ist tief, weich und in Richtung Pferdemaul nachgebend.

Insgesamt eignen sich die in den folgenden drei Skizzen dargestellten Aufbauvorschläge meiner Erfahrung nach sehr gut für den Beginn mit jungen Pferden:

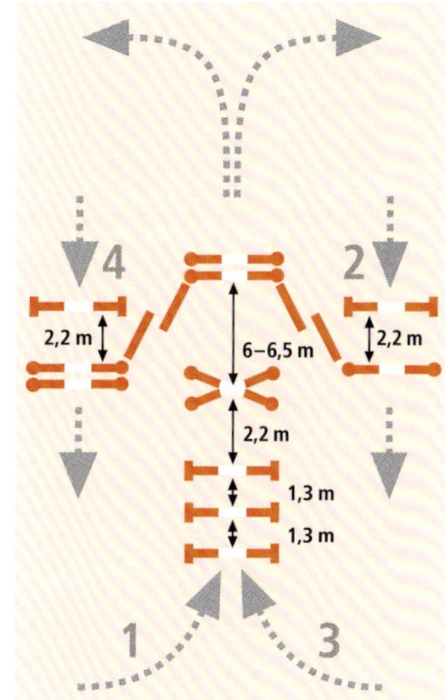

Beispiel 1

BEISPIEL 1

Der Aufbau der Gymnastikreihe auf der Mittellinie hat den Vorteil, dass man von beiden Händen an- und weiterreiten kann. Begonnen wird mit ein bis drei Trab-Cavaletti, je nachdem, wie sicher und mühelos das junge Pferd bereits hierüber trabt. Danach wird das Kreuz eingelegt, und im nächsten Schritt wird die Oxer-Absprungstange auf den Boden gelegt. Darauf folgt das Auflegen der Stange zum Steilsprung und schließlich die Erweiterung zum Oxer. Anschließend trabt der Reiter über das Cavaletti und den folgenden Steilsprung, danach über das Cavaletti und den anschließenden Oxer. Zum Abschluss werden die Übungen nacheinander absolviert:

- Trab linke Hand – Reihe
- Trab rechte Hand – Steilsprung
- Trab rechte Hand – Reihe
- Trab linke Hand – Oxer

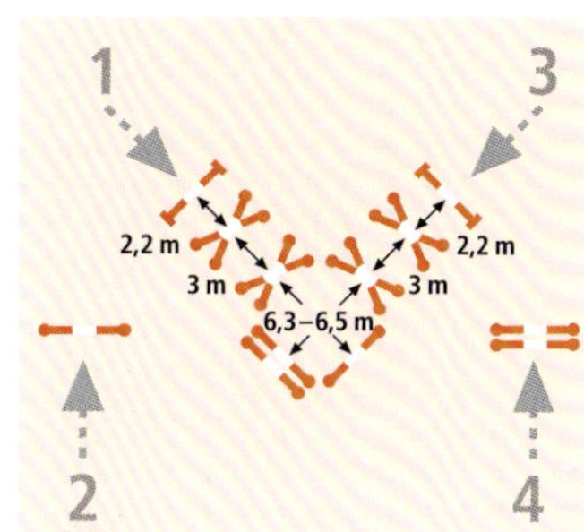

Beispiel 2

BEISPIEL 2

Bei diesem Aufbau ist darauf zu achten, dass zu Beginn nur die Trab-Cavaletti mit dem jeweils eingelegten ersten Kreuz aufgebaut sind. Der Reiter trabt durch die erste Diagonale, pariert durch und geht eine lange Seite ganze Bahn, bevor er auf die zweite Diagonale abwendet usw. Schrittweise werden nun erst der Steilsprung, dann der Oxer eingebaut. Spätestens an dieser Stelle sollte der Reiter eine Schrittpause einlegen und das Pferd verschnaufen lassen. In der Zwischenzeit baut ein Helfer den Steilsprung und den Oxer an den langen Seiten auf. Zum Abschluss werden die Einzelübungen aneinandergereiht. Der Reiter wendet aus dem Trab von der linken Hand auf die Diagonale ab und trabt über die Reihe mit dem Steilsprung. Danach galoppiert er im Rechtsgalopp über den Steilsprung an der langen Seite und pariert nach dem Sprung zum Trab durch.

Nun folgen die zweite Diagonale mit dem Oxer und aus dem Linksgalopp der Einzeloxer. Falls das junge Pferd nicht im richtigen Galopp ist, wird jeweils über Trab der Galopp gewechselt.

01 *Das Pferd trabt über die Cavaletti …*

02 *… springt über das Kreuz …*

☞ BEISPIEL 3

Die Gymnastikreihe wird nacheinander aufgebaut. Wie häufig jede Aufbaustufe wiederholt wird, ist davon abhängig, wie sicher und flüssig das Pferd die Übung absolviert hat. Eilt das Pferd bereits über das Trab-Cavaletti, so reitet man die Reihe aus der Wendung an. Verliert es Schwung oder ist zögerlich, so reitet man an der langen Seite in fleißigem Tempo vorwärts und nimmt diesen Schwung beim Durchparieren in der Wendung mit.

Als Maximum für junge Pferde würde ich bei Gymnastikreihen vier Hindernisse ansehen, deren Höhe ca. 0,8 m bis 1 m betragen sollte. Dieses sind nur einige leichte Übungen, in der Praxis ist die Vielfalt an Kombinationen und Anreitwegen (dann auch aus dem Galopp) nahezu unbegrenzt.

Durch das Abdrücken aus der Hinterhand wird die Muskelbildung angeregt. Das für die Springmanier notwendige Durchstrecken mit langem Hals und aufgewölbtem Rücken (Bascule) wird wesentlich gefördert. Vor allem aber muss dem Pferd immer die Freude am Springen erhalten bleiben.

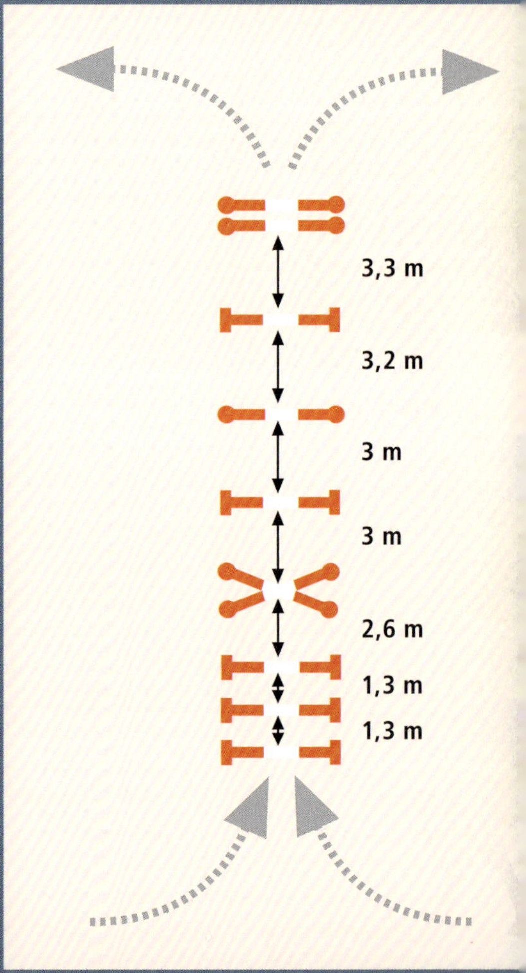

Beispiel 3 (Cavaletti auf niedrigster Stufe)

03 ... landet und schaut auf das Cavaletti ...

04 ... galoppiert über das Cavaletti ...

05 ... springt über den Steilsprung ...

06 ... landet danach ...

07 ... galoppiert über das Cavaletti ...

08 ... und springt über den Oxer.

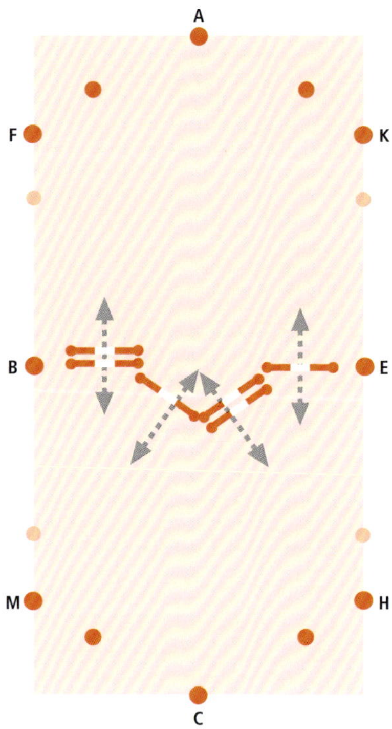

Springen von Einzelhindernissen

SPRINGEN VON EINZELHINDERNISSEN

Das junge Pferd hat durch das Springen der Gymnastikreihen an Beweglichkeit und Vertrauen gewonnen und gelernt, sich auf den nächsten Sprung zu konzentrieren. Jetzt ist der Zeitpunkt gekommen, einzelne Hindernisse aus dem Galopp hintereinander zu springen. Die Höhe sollte ca. 0,8 bis 1 m betragen, und die Hindernisse sollten einladend sein: Eine Stange als Grundlinie beim Steilsprung und beim Oxer erleichtern dem jungen Pferd das Finden der Absprungstelle und das Taxieren des Hindernisses. Die Hindernisse sollen von beiden Seiten zu springen sein.
Das entscheidende bei diesem Aufbau sind die beiden mittleren Sprünge, die jeweils durch die anderen Sprünge eingerahmt sind, sodass ein Vorbeilaufen des Pferdes verhindert werden kann. Zunächst wird eine Runde auf dem Zirkel galoppiert, um dann mit kontrollierten Galoppsprüngen das erste Hindernis anzureiten. Durch das Anreiten von beiden Händen und das Wechseln durch die Diagonalen können viele verschiedene Wege geritten werden. Der Einsatz von vier Kegeln in den Ecken kann dem Reiter helfen, mit dem jungen Pferd auf der optimalen Linie anzureiten.

SPRINGEN VON HINDERNISFOLGEN UND KOMBINATIONEN

Um kleine Parcoursausschnitte zu üben, reitet man zunächst einfache Distanzen auf gerader Linie mit vier bis fünf Galoppsprüngen. Sinnvollerweise gewöhne ich das junge Pferd bereits in diesem Stadium an viele unterschiedliche Unterbauten. Diese können beispielsweise auch einmal aus einer Mauer oder einer Wassermatte bestehen, an die das Pferd in Ruhe herangeführt wird. Eine Wassermatte findet man heutzutage in jeder Springpferdeprüfung der Klasse L.
Nach dem Springen von Gymnastikreihen und Hindernisfolgen bereiten Kombinationen dem jungen Pferd in der Regel weniger Probleme, als viele Reiter meinen.
Für den Anfang empfehlenswert sind Steil-Oxer-Kombinationen mit einem Abstand von ca. 7 bis 7,5 m, falls das junge Pferd doch einmal zögern sollte.
Das Reiten von Distanzen auf gebogenen Linien gestaltet sich schon schwieriger. Hier ist Voraussetzung, dass man das Pferd sicher an den äußeren Hilfen auf gebogenen Linien galoppieren kann. Häufig sieht man am inneren Zügel herumgezogene Pferde, die über die äußere Schulter ausbrechen, sodass der folgende Sprung misslingt. Zur Vorbereitung oder Verbesserung eignen sich hervorragend Cavaletti auf der Zirkellinie. Steigern Sie die Anforderungen langsam.

Diese Übung erfordert schon ein hohes Maß an Rittigkeit, das gerade junge Pferde schnell überfordern könnte. Gelingt es dem Reiter, auf beiden Händen flüssig und sicher auf der gebogenen Zirkellinie über ein Cavaletti an der geschlossenen Seite zu galoppieren, so kann auf der gegenüberliegenden Seite ein zweites hinzugefügt werden. Erschweren kann man diese Übung durch die Verlegung auf den Mittelzirkel, wobei die beiden Cavaletti auf der Mittellinie stehen.

SPRINGEN EINES LEICHTEN A-PARCOURS

Gelingt das Reiten einzelner Parcoursausschnitte, so stellt das Aneinanderreihen dieser Elemente meistens kein Problem mehr dar. Springt das Pferd zu Hause willig, so übt man vor dem ersten Turnierstart auf unterschiedlichen Plätzen, um das Gelernte zu festigen.
Das Pferd soll möglichst in kontrolliertem Tempo durchgaloppieren. Landet bzw. galoppiert das Pferd im Außen- oder Kreuzgalopp, so wird ruhig über zwei bis drei Trabtritte wieder in den richtigen Galopp gewechselt. Der Reiter kann im Entlastungssitz das junge Pferd unterstützen, indem er folgende Tipps berücksichtigt:

Das junge Pferd macht sich mit dem Hindernismaterial vertraut: Man reitet im Schritt zum fremden Hindernis und lässt das Pferd in Ruhe daran schnuppern.

Cavaletti-Springen auf dem Zirkel – über dem ersten Cavaletti schaut die Reiterin bereits zum nächsten Cavaletti.

- — nicht zu langsam (sonst fehlt der Schwung für den Absprung),
- — nicht zu schnell (damit der Sprung nicht zu flach wird),
- — auf gerader Linie (damit das Pferd die Aufgabe früh genug erkennt),
- — in der Mitte des Hindernisses (um das Vorbeilaufen zu verhindern),
- — in der richtigen Selbsthaltung (weil das Pferd dann ausbalancierter abspringt und landet),
- — möglichst passende Distanz zum Hindernis (damit es nicht zu früh oder zu spät abspringt und damit Vertrauen verliert).

An verschiedene Hindernisse kann man die jungen Pferde nicht früh genug gewöhnen.

Verweigern oder Vorbeilaufen sollte es nach dieser Vorbereitung nicht geben, das Pferd springt mit Freude und in guter Manier.
Von entscheidender Bedeutung für das Gelingen des Parcoursspringens ist das Abreiten. Nur ein richtig vorbereitetes Pferd kann im Parcours seine beste Leistung bringen. Im Aufbau der Reitstunde gehört das Parcoursspringen an den Schluss des Arbeitsteiles. Also beginnen wir vor einem Parcoursspringen mit lösenden Lektionen, schließen Übungen für die Durchlässigkeit an und machen dann einige Probesprünge. Jungen Pferden tut es gut, wenn wir hierzu einzelne Hindernisse des fertig aufgebauten Parcours benutzen. Später, im zweiten Ausbildungsjahr, wählen wir bewusst andere Hindernisse zum Abspringen aus, weil dies auf dem Turnier ebenfalls nicht anders möglich ist.
Auf dieser Grundlage können die Hindernisse ohne Probleme nach und nach erhöht und die Linienführung erschwert werden. Ein Dressurreiter wird im zweiten Ausbildungsjahr mehr die Dressurausbildung und ein Springreiter mehr die Springausbildung betonen. Die Grundausbildung im ersten Ausbildungsjahr sollte aber mit geringen Unterschieden für alle Pferde sowohl Dressur als auch Springen und Gelände umfassen. Ich habe die Erfahrung gemacht, dass ein so vielseitig angerittenes Pferd auch auf dem Dressurviereck gelassener geht und nicht gleich vor jedem Kegel und Richtertisch scheut.

Gründliches Abreiten ist Grundlage und Voraussetzung für ein gelungenes Parcoursspringen.

Eine Gasse gibt Führung!

PROBLEME UND LÖSUNGSTIPPS

AUSBRECHEN

Die meisten Pferde brechen nach links aus, weil ihnen die Wendung nach links von Natur aus leichter fällt. Zeigt das junge Pferd die Absicht, auszubrechen, so kann dem am besten begegnet werden, indem man ein Führpferd vorausgehen lässt und das Hindernis mit Fangständern seitlich begrenzt. Die Springgerte wird auf die Seite der ausbrechenden Schulter gewechselt, um hier entgegenwirken zu können. Der Reiter behält mit den Zügeln Kontakt zum Pferdemaul. Sollte das Pferd dennoch vorbeilaufen, wird es sofort zum Halten durchpariert. In der dem Ausbruch entgegengesetzten Richtung wendet man auf der Vorhand, reitet zurück in die Ausgangsstellung und wiederholt diese Vorhandwendung zum erneuten Anreiten auf das Hindernis.

WENN PFERDE „HEFTIG" WERDEN

Wir beobachten häufig, dass Pferde im Verlauf eines Parcours immer schneller werden und dann Flüchtigkeitsfehler machen. Durch scharfes Zurücknehmen lassen sich diese Fehler kaum korrigieren, weil dadurch weiterer Widerstand gegen die Reiterhand ausgelöst und noch mehr Heftigkeit provoziert wird. Hier empfiehlt sich das Einlegen einer großen Volte oder eines Zirkels, bis durch halbe Paraden das Gleichgewicht und der gleichmäßige Galoppsprung wiederhergestellt sind.

HEFTIG WERDEN

Bei einigen Pferden ist es eine ganz natürliche Reaktion, ein Hindernis möglichst rasch überwinden zu wollen – schließlich sind sie Fluchttiere. Dies gilt besonders für hoch im Blut stehende Pferde. Ich beruhige sie, indem ich das Hindernis möglichst oft von beiden Händen umreite und so von der eigentlichen Aufgabe ablenke. Das Anreiten sollte deshalb immer aus der Wendung erfolgen. Cavaletti-Arbeit und Gymnastikspringen mit erhöhten Anforderungen helfen uns hier über die Schwierigkeiten hinweg, wozu allerdings auch die notwendige Geduld gehört. Zur Korrektur setze ich mit Vorliebe Cavaletti wie folgt ein: Ich stelle ein zweites oder auch drittes Bodenrick hinter das Hindernis, und zwar im Abstand von ca. 3 bis 3,5 m. Dadurch wird die Aufmerksamkeit des Pferdes auf dieses Rick gelenkt. Schon im Sprung über das Hindernis geht der Blick des Pferdes nach unten auf das noch vor ihm stehende Cavaletti. Unwillkürlich wölbt es damit zugleich den Rücken auf. Es findet keine Zeit zum Weglaufen und kann durch geschickte Einwirkung des Reiters sofort wieder aufgenommen werden. Wer dennoch Schwierigkeiten hat, legt nach dem letzten Rick noch eine große Volte an, bis das Tempo des Pferdes wieder ruhig ist.

Ein Cavaletti vor und ein Cavaletti nach dem Hindernis erziehen zum ruhigen Weitergaloppieren nach dem Sprung.

Mithilfe der zwei Stangen geht es gerade über die Mitte des Hindernisses.

ZÖGERN ODER VERWEIGERN

Wie verhalte ich mich, wenn mein Pferd das Hindernis nicht anzieht? Sollte das unerfahrene Pferd nicht dem Führpferd folgen, müssen die Anforderungen deutlich reduziert werden. Notfalls beginnt man wieder von vorne mit nur einem Cavaletti. Auf jeden Fall muss das Pferd lernen, den Hilfen des Reiters zu folgen und das Hindernis gehorsam zu überwinden. Durch mehrmaliges energisches Zulegen und Zurückführen im Galopp bekommt der Reiter sein Pferd wieder vor die treibenden Hilfen.

FEHLERHAFTE LINIENFÜHRUNG

Wie kann ich mein Pferd korrigieren, wenn es schief oder nicht in der Mitte des Hindernisses springt?
Zur Korrektur werden eine oder zwei Stangen im rechten Winkel zum Hindernis vor und/oder hinter den Sprung auf den Boden gelegt, sodass das Pferd der idealen Anreitlinie folgen muss. Damit das Pferd bei der Landung nicht auf die Stange tritt, muss diese weit genug hinter dem Sprung liegen. Das Pferd sollte möglichst den ersten Galoppsprung nach der Landung parallel zur Stange machen.
Nach dem Motto „Weniger ist manchmal mehr" muss der Reiter immer bereit sein, rechtzeitig zu reagieren, wenn er merkt, dass das junge Pferd überfordert ist. Die Anforderungen müssen dann sofort zurückgeschraubt und das Vertrauen wieder aufgebaut werden. Jeder Reiter muss wissen, dass es in der Ausbildung nicht nur kontinuierlich aufwärts gehen kann.

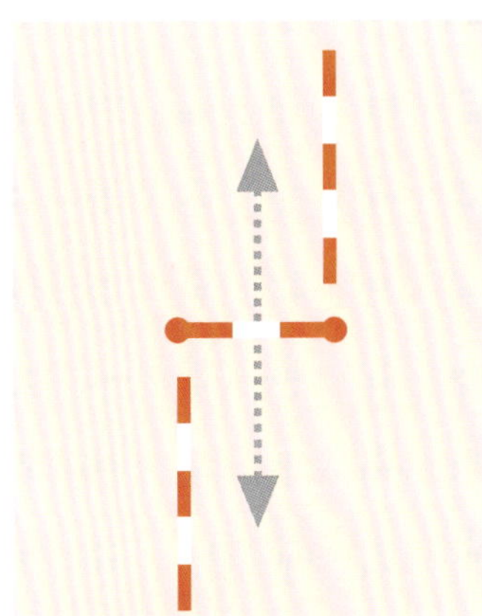

Zwei Stangen helfen dem Pferd, gerade zu springen.

REITEN IM GELÄNDE
— *mit dem jungen Pferd*

DIE EROBERUNG DER NATUR

Die Grundausbildung des jungen Pferdes sollte möglichst vielseitig und abwechslungsreich gestaltet werden. Hierbei spielen das Reiten in der Natur bei unterschiedlichsten Bodenverhältnissen und die ersten kleinen Geländesprünge eine wichtige Rolle. Manche Pferde müssen Geschicklichkeit und Trittsicherheit erst erlernen. Grundsätzlich gilt: Je freier sie in der Natur aufgewachsen sind und je häufiger sie sich auf unterschiedlichen Böden bewegen, umso ausbalancierter und trittsicherer werden sie. Meine Erfahrung zeigt mir, dass der erhöhte Zeitaufwand für die Geländeausbildung sich immer lohnt – in welche Richtung der weitere Ausbildungsweg dann auch führt. Gerade für die spätere Spezialisierung auf die Disziplinen Dressur oder Springen, die wesentlich von der Veranlagung des Pferdes abhängen, ist eine vielseitige Grundausbildung äußerst vorteilhaft. Das junge Pferd wird durch die vielen unterschiedlichen Reize auch abgehärtet. Haben Pferde vom Gebäude her Schwierigkeiten oder sind durch Wachstumsschübe nicht im Gleichgewicht, muss darauf in der Ausbildung behutsam Rücksicht genommen werden.

Nachfolgend möchte ich Ihnen die ersten Schritte erläutern, Tipps geben und schließlich auch erklären, wie man junge Pferde am besten an einige typische Geländehindernisse heranführt.

Beim Ausreiten lernt das junge Pferd, mit vielen neuen Reizen umzugehen. In der Gruppe sollten immer auch erfahrene Pferde sein.

VORAUSSETZUNGEN

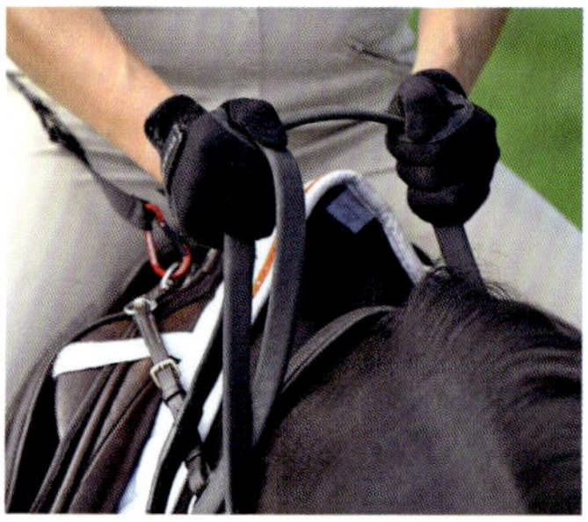

Im Gegensatz zur Dressurzügelbrücke bildet man die Christopher-Bartle-Geländezügelbrücke nur in einer Hand. So kann man die Zügel leichter verlängern und verkürzen.

In der Halle, auf dem Platz und im Gelände sollte das Pferd in allen Grundgangarten sicher an den Hilfen stehen. Die Kontrolle über das Pferd sollte in allen Situationen gegeben sein, damit die Erlebnisse im Gelände nicht zum Stress und zur Gefahr für Pferd und Reiter werden. Es ist nicht ratsam, Probleme bei der Kontrolle des Tempos im Gelände mit schärferen Gebissen auszugleichen. Leicht kann es passieren, dass ein Reiter bei den ersten Sprüngen im Gelände vor die Bewegung kommt oder hinter der Bewegung bleibt und sich dadurch ungewollt am Zügel festhält. In diesem Fall würde das Pferd zu Unrecht durch Schmerzen im Maul gestraft und könnte leicht die Lust an weiteren Springversuchen verlieren. Zu empfehlen ist ein Halsring, am besten integriert im Vorderzeug, an dem sich der Reiter gegebenenfalls festhalten und sein Pferd parieren kann.
Das Pferd muss ein gewisses Maß an Springerfahrung über bunte Sprünge gesammelt haben, bevor die ersten Sprünge im Gelände absolviert werden. Gerade ängstliche Pferde brauchen so viel Vertrauen zu ihrem Reiter, dass sie in einer ungewohnten Situation nicht einfach die Flucht ergreifen, sondern sich vom Reiter beruhigen lassen, sich die Situation angucken und schließlich mit ihrem Reiter überall hingehen.
Zum richtigen Vertrauen gehören allerdings auch eine Portion Gehorsam und das sichere Annehmen der treibenden Hilfen, damit sich der Reiter in allen Situationen mit Konsequenz durchsetzen kann.

SICHER IST SICHER!

Im Gelände ist es hilfreich, einen Halsring zu benutzen. Im Fall einer Unsicherheit hat der Reiter so jederzeit die Chance, sich am Riemen festzuhalten, ohne das Pferd im Maul zu stören. Zusätzlich kann er das Pferd mit dem Halsring parieren.

Der Halsring ist am Vorderzeug befestigt, damit er nicht nach vorne rutscht.

AUSRÜSTUNG

Pferd und Reiter müssen aus Schutz- und Sicherheitsgründen richtig ausgerüstet sein. Zu der Reitausrüstung gehört selbstverständlich ein Helm, ich trage immer eine Schutzweste mit Airbag. Als Hilfsmittel sind kurze, stumpfe Sporen und eine kurze Springgerte ratsam. Macht das Pferd einmal einen unerwarteten Satz zur Seite oder einen unerwartet großen Sprung über ein neues Hindernis, besteht mit stumpfen, kurzen Sporen weniger Gefahr, das Pferd ungewollt zu verletzen. Eine Springgerte, an der Schulter oder kurz hinter dem Schenkel angelegt, kann in vielen Fällen zur Aufforderung dienen. Dazu werden beide Zügel gleichmäßig lang in eine Hand genommen, damit nicht ein Zügel aus Versehen mehr Zug ausübt.

Für das Pferd sind Geländegamaschen wichtig. Im Gegensatz zu den vorne offenen Springgamaschen sollten sie rundum geschlossen sein. Für die Vorderbeine sind Gamaschen mit einer Hartschale im Bereich der Sehnen empfehlenswert. Bei den Vorderhufen rate ich zu Sprungglocken, um Ballentritte und abgetretene Eisen zu vermeiden.

Die Beanspruchung beim Training im Gelände ist durch das teilweise bergauf und bergab reiten sowie die unterschiedlichen Bodenverhältnissen für ein Pferd ungewohnt und größer als bei der Arbeit in der Halle oder auf dem Reitplatz. Deshalb sollte man nach dem Geländetraining einen Entspannungstag einplanen, mit Longieren, gemütlichem Spazierenreiten, dressurmäßiger Lockerungsarbeit unter dem Sattel oder einem Koppeltag. So beugt man Überanstrengung oder Überbelastung vor.

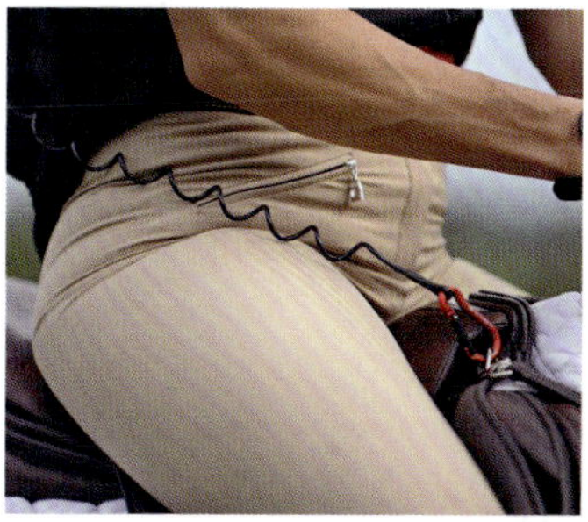

Sicherheitsweste mit Airbag. Das Verbindungsstück ist am Sattel eingehakt.

Mit der richtigen Ausrüstung geht man im Gelände auf Nummer sicher.

Das erfahrene Pony mit der jungen Reiterin führt die Gruppe an.

ERSTES AUSREITEN

Vor dem Ausreiten sind folgende Grundsätze unbedingt zu beachten:
- Nie alleine ausreiten, sondern immer in einer Gruppe.
- Junge Pferde immer mit erfahrenen Pferden zusammen gehen lassen.
- Erfahrene Pferde als Führpferde anfangs vorne gehen lassen.
- Die Reihenfolge der Pferde nach dem Temperament der Pferde ausrichten, d. h., gehfreudige Pferde werden vorne geritten.
- Abstände mindestens zwei bis drei Pferdelängen, um Aufreiten zu verhindern.
- Die Pferde sollten immer unter Kontrolle sein.
- Bei den ersten Ausritten sollte erst galoppiert werden, wenn es im Schritt und Trab gut klappt.

Wenn man diese Grundsätze beherzigt, wird das Ausreiten immer zur Freude. Mein Vater machte es sehr gerne und nannte es immer „Tummeln im Gelände“.

LÖSEN IM GELÄNDE

Wie oft sollen wir ausreiten, und was sollen wir draußen mit dem jungen Pferd üben? Wenn wir den Zeitplan der Grundausbildung durchgehen und dabei die Witterungsverhältnisse im Winter berücksichtigen, kommen wir zu dem Ergebnis, dass im ersten Ausbildungshalbjahr das Reiten im Gelände den Takt und die Losgelassenheit des Pferdes sowie die Anlehnung fördern soll. Sobald die Phase des ersten Anreitens überstanden ist, das junge Pferd sich also an das Reitergewicht gewöhnt hat, sollten wir, sofern es Wetter und Boden zulassen, die Phasen des Lösens oder Trockenreitens nach draußen verlegen. Im Schritt, Trab und Galopp gewöhnt man das junge Pferd an Unterschiede in der Bodenbeschaffenheit, z. B. an Sand-, Gras- oder Waldböden. So werden Sehnen und Bänder gestärkt.

Nun ist es an der Zeit, das junge Pferd schrittweise an unterschiedliche Reize und ungewohnte Situationen in der Natur zu gewöhnen, etwa an flatternde (Silo-)Planen, Traktoren, einen großen Holzstoß usw. Nehmen Sie zur Sicherheit immer ein Führpferd mit, falls das eigene Pferd aus Angst oder Sturheit nicht vorbeigeht. Aufgepasst: Legen Sie Wert auf Gehorsam!

Pferde mit normaler Temperamentslage beruhigen sich beim Anblick neuer Gegenstände recht schnell, wenn der Reiter bestimmt genug handelt und dabei selbst nicht nervös wird. Dazu ist erforderlich, dass der Reiter die Zügel aufnimmt und das Pferd sicher vor den treibenden Hilfen hat, um ein Zögern zu verhindern. Dies ist einer der Augenblicke, in denen der Reiter die berühmte Zehntelsekunde schneller sein

Tummeln im Gelände

Reiter und Pferde fühlen sich in der Gruppe sehr wohl.

muss als sein Pferd. Das Pferd muss lernen, den Hilfen des Reiters zu folgen und dass der fremde Gegenstand kein Anlass zur Beunruhigung ist. So wird von Mal zu Mal das Vertrauen des Pferdes zu seinem Reiter größer als die Angst vor einem unbekannten Hindernis. Insgesamt führt dies zu einem ausgeglichenen Temperament.

Im Gelände ist man vor Überraschungen nie sicher.

BERGAUF- UND BERGABREITEN

Das Bergauf- und Bergabreiten fördert die Kraftentwicklung und verbessert das Balancegefühl, die Geschmeidigkeit und Geschicklichkeit des Pferdes. Wir können diese Arbeit vom zweiten Ausbildungshalbjahr an in die Grundausbildung mit einbeziehen, wenn geeignetes Terrain zur Verfügung steht.

Wenn wir mit einem jungen Pferd gegen eine Steigung reiten, wird es zunächst sein Tempo verstärken, gewissermaßen um Schwung zu holen, und beim Erreichen der Höhe langsamer werden, weil es den Schwung verliert. Beim Bergabreiten haben die meisten Pferde die Tendenz schneller zu werden. In diesem Fall muss der Reiter rechtzeitig parieren. Durch die Ausbildung wollen wir erreichen, dass das Pferd in einem gleichmäßigen Tempo bleibt.

Die reiterliche Unterstützung durch den richtigen Sitz ist beim Bergauf- und Bergabreiten besonders wichtig. Bergauf neigt der Reiter den Oberkörper nach vorn, um die zu vermehrter Schubkraftentwicklung gezwungene Hinterhand zu entlasten. Bergab reitet man grundsätzlich gerade in direkter Linie.

Wenn es besonders steil ist, reitet man in der langsamsten Bewegungsart, dem Schritt, ansonsten ist auch ruhiger Trab möglich. Für den Sitz gilt: nicht zu viel mitgehen mit der Bewegung des Pferdes, den Oberkörper nicht übertrieben vorneigen, um nicht zu viel Gewicht auf die Vorhand zu verlagern.

Über eines müssen wir uns allerdings im Klaren sein: Die Gefahr einer kräftemäßigen Überforderung ist im Gelände größer, besonders dann, wenn in Begleitung mehrerer Pferde geritten wird. Pferde spornen sich in Gesellschaft gegenseitig an, sie ziehen sich sozusagen gegenseitig mit. Wir spüren also u. U. das Nachlassen der Kräfte nicht so deutlich wie in der Bahn oder auf dem Reitplatz. Deshalb ist hier die Gesundheitskontrolle nach der Arbeit besonders wichtig.

HÜGELIGES GELÄNDE

Das Reiten in hügeligem Gelände ist die beste Möglichkeit, um besonders die Rücken- und Hinterhandmuskulatur des Pferdes zu kräftigen. Je nach Ausbildungsstand kann im Schritt, Trab oder auch Galopp geritten werden.

01 Hoch hinaus! Kondition, Kraft und Geschicklichkeit werden durch Reiten in hügeligem Gelände optimal entwickelt.

02 Bergabreiten fördert das Gleichgewicht.

01

02

ERSTE GELÄNDE-HINDERNISSE

Nachdem wir uns mit unserem Pferd im Gelände schon recht sicher fühlen und das Pferd sich dort vertrauensvoll bewegt, gehen wir die ersten festen Hindernisse an. Damit die ersten „Natursprünge“ gut gelingen, muss der Reiter sich einen geeigneten Platz mit freundlichen Anfangshindernissen, beispielsweise einen nicht zu dicken Baumstamm oder einen niedrigen Holzstoß, aussuchen. Anfangs kann ein Hindernis gar nicht zu niedrig sein, damit das Pferd notfalls auch aus dem Stand springen kann, falls es stockt. Da unerfahrene Pferde häufig beim ersten Anreiten unsicher schwanken, sollte das Hindernis genügend breit und idealerweise ein- oder beidseitig begrenzt sein. Das kann eine natürliche Begrenzung in Form einer Hecke oder eines Zaunes sein, man kann aber auch einen Fangständer neben das Hindernis stellen oder eine Stange seitlich danebenlegen. Bevor der Reiter ein Hindernis anreitet, sollte er sich vergewissern, ob der Boden – vor allem an der Absprung- und Landestelle – in Ordnung ist (keine Löcher, nicht zu tief).

Bevor der Reiter mit den ersten Geländesprüngen beginnt, muss er sein Pferd ausgiebig auf dem Geländeplatz gelöst haben – mindestens zehn Minuten Schritt, ca. 15 Minuten leichttraben um die Hindernisse herum und im leichten Sitz mit vielen Übergängen abgaloppieren. Danach zeigt er seinem Pferd im Schritt das Hindernis und lässt es am langen Zügel daran schnuppern.

Dann folgt das unerfahrene Paar dem Führpferd im frischen Arbeitstrab (Leichttraben) mit zwei bis drei Pferdelängen Abstand. Das Hinder-

01 – 02 Ausgiebiges Lösen vor dem Springen in allen drei Grundgangarten ist wichtig.

01

02

Es ist immer ratsam, den jungen Pferden die Hindernisse zu zeigen, sie zu loben und dann erst anzureiten, damit sie Vertrauen fassen.

nis sollte mit beiden Pferden von Weitem auf gerader Linie angeritten werden, wobei das Pferd mit leicht angehobenem Hals zum Sprung schauen darf und nicht unnötig tief oder eng eingezwängt werden sollte. Der Reiter behält eine weiche Verbindung zum Pferdemaul, damit er unmittelbar eingreifen kann, falls das junge Pferd versucht, seitlich auszubrechen.

Ist es drei bis vier Mal, ohne zu zögern, hinter dem Führpferd her gesprungen, versucht man, das Hindernis aus dem Trab alleine zu überwinden. Bleibt das Pferd so gut unter Kontrolle, dass es auf den Sprung zu nicht beschleunigt und nach dem Hindernis nicht losstürmt, reitet man aus einem ruhigen Galopptempo erneut an. Sollte das Pferd doch

01 Das erfahrene Pony geht mutig vorweg.

02 Das unerfahrene Pferd folgt.

01

02

☞ SPRINGEN MIT FÜHRPFERD

01

02

03

01 Aufmerksam folgt das junge Pferd dem Führpferd.

02 Genügend Abstand zum Führpferd ist wichtig und dient der Sicherheit.

03 Mutig, aber mit Respekt springt das junge Pferd schließlich alleine ohne Führpferd.

etwas zu heftig werden, wählt man einen Anreitweg aus der gebogenen Linie heraus, und zwar so, dass das Pferd nur drei bis vier Pferdelängen geradeaus gestellt ist und das Hindernis erst relativ spät sieht.
Manche Pferde neigen gerade anfangs dazu, nach dem Hindernis vor Übermut zu buckeln oder loszustürmen. Der Reiter muss den Sicherheitssitz einnehmen und mit der Zügelbrücke versuchen, den Kopf des Pferdes hochzuhalten, damit es diesen nicht zwischen die Beine nehmen kann. Vorwärtsreiten ist dabei zunächst die beste Korrektur. Manchmal ist es ratsam, nach dem Hindernis durchzuparieren, damit das Pferd sich nicht den Hilfen des Reiters entziehen kann.
Hat das unerfahrene Paar das Hindernis aus dem Galopp einige Male übersprungen, sollte eine kurze Schrittpause zum Verschnaufen eingelegt werden. Wichtig ist, das Pferd nach jedem gut gemachten Sprung zu loben. Nur so können wir das Vertrauen aufbauen und das Pferd ermutigen.

Aufmerksamer Sprung über ein niedriges Anfangshindernis

Trotz Cavaletti-Höhe überspringt sich dieses unerfahrene Pferd noch.

TEMPO UND WEG

Als Reiter sind Sie verantwortlich für das passende Tempo und den optimalen Anreitweg – so unterstützen Sie das junge Pferd richtig.

Ein breiter Baumstamm ist ein gutes Ausgangshindernis.

Nach diesem Grundprinzip gewöhne ich mein Pferd noch an zwei bis drei weitere Anfangshindernisse. Absolviert es seine Aufgabe problemlos, d. h., ohne stehen zu bleiben oder vorbeizulaufen, genügt ein zwei- bis dreimaliges Wiederholen der einzelnen Übungsschritte, um nicht am ersten Tag zu viel zu machen. Zum Abschluss reite ich die drei bis vier Hindernisse aus dem Galopp hintereinander als Sprungfolge. Dabei muss auf rhythmisches Galoppieren zwischen den Hindernissen besonders geachtet werden. Danach lässt man die Zügel aus der Hand kauen und reitet Schritt mit hingegebenem Zügel zur Entspannung.

BESSER ZU ZWEIT

Anfangs lieber dem Führpferd folgen. Fühlen Sie sich sicher, dann können Sie es auch schon alleine versuchen.

Freudensprünge gehören im Gelände dazu.

GEWÖHNUNG AN WASSER

Der feuchte Schreck – für Dressurpferde sind es die Pfützen im Viereck, für die Springer der Wassergraben, und im Gelände sind es die Wasserhindernisse.

Suchen Sie sich eine geeignete Wasserstelle aus, die folgende Kriterien erfüllt:

— der Wasserstand sollte nicht höher als 20 cm sein.
— Die Wasserstelle sollte nicht steil bergab anzureiten sein, damit das junge Pferd nicht durch das Bergabreiten schon ängstlich wird.
— Der Boden im Wasser sollte fest und ohne Löcher oder dicke Steine sein. Tiefer oder zu schlammiger Untergrund verunsichert das Pferd, und es verliert leicht die Trittsicherheit im Wasser.

Gerade am Anfang darf das Pferd keine Angst im Wasser bekommen, und Sie sollten alle unnötigen Risiken vorher ausschalten.
Bei der ersten Wassergewöhnung kommt es vor allem auf das brave Führpferd an, welches bedingungslos ins Wasser gehen muss und außerdem ein zu dichtes Aufreiten auf keinen Fall mit Schlagen quittieren darf. Es kann vorkommen, dass das unerfahrene Pferd sich plötzlich entschließt, mit einem Satz hinterherzuspringen. Dann kann es schon einmal passieren, dass es zu nah an das Führpferd kommt.
Wie gehen Sie systematisch vor? Nach der Lösungsphase springt man aus dem Trab und Galopp einige Einzelhindernisse. Nutzen Sie diesen Trainingstag, um Ihr Pferd an weitere freundliche Anfangshindernisse zu gewöhnen. Ob Sie das schon ohne Führpferd versuchen oder noch einige Male hinterherspringen, ist individuell zu entscheiden.
Nach zwei Drittel der Stunde machen Sie eine kurze Schrittpause und beginnen dann mit der Wassergewöhnung. Warum nicht gleich zu Beginn der Stunde? Weil dann Ihr Pferd noch sehr frisch sein kann. Sollte es nicht problemlos ins Wasser gehen, wird es seine Kraft und Energie evtl. gegen Sie richten. Ist es schon genügend abgeritten, wird es sich leichter überzeugen lassen.
Das erste Anreiten erfolgt im Schritt, etwa ein bis zwei Pferdelängen dicht hinter dem Führpferd her. Der Reiter behält seine weiche Verbindung zum Pferdemaul, um ein seitliches Ausbrechen zu verhindern. Mit ziemlicher Sicherheit wird das junge Pferd erst einmal vor dem Wasser stehen bleiben. Jetzt kommt es auf das Verhalten des Reiters an. Er darf das Pferd auf keinen Fall seitlich kehrtmachen lassen. Mit Gewichts- und Schenkelhilfen verhindert er auch ein Rückwärtstreten. Kann er beides nicht gleichzeitig verhindern, ist das Rückwärtstreten dem Kehrtmachen vorzuziehen. Den meisten Pferden ist dies nach einigen Pferdelängen sowieso zu anstrengend.
Im Idealfall folgt das junge Pferd dem Führpferd ins Wasser. Bleibt es aber erst einmal stehen, lässt der Reiter es am langen Zügel schnuppern

Das erfahrene Pony begleitet den Youngster.

01

02

01 Anfängliche Skepsis ist normal.

02 Durch die ruhige und bestimmte Unterstützung des Reiters fasst das Pferd Vertrauen.

und wartet einen Moment lang ab. Dann fordert er es erneut auf, vorwärtszugehen und dem im Wasser stehen gebliebenen Führpferd zu folgen.

Mit der Stimme und dem treibenden Schenkel muss der Reiter sein Pferd aufmuntern und abwarten. Nicht plötzlich mit der Gerte zufassen und Widerstand provozieren! Die Gerte lieber leicht an der Schulter oder hinter dem Schenkel anlegen. Nach dem ersten Schritt in Richtung Wasser sofort mit Stimme und Klopfen loben, dem Pferd weiter Mut machen. Bleibt Ihr Pferd hartnäckig stehen, sollte das Führpferd an einer anderen Stelle aus dem Wasser heraus und von Neuem an Ihr Pferd heranreiten. Lassen Sie beide Pferde kurz nebeneinander stehen und reiten Sie dann gleichzeitig wieder an, diesmal mit deutlich stärkerer Unterstützung der treibenden Hilfen.

Am besten macht das Führpferd nur kleine Schritte, um den Abstand nicht zu groß werden zu lassen.

Mit großer Wahrscheinlichkeit hat sich das unerfahrene Pferd spätestens beim zweiten Versuch einen Ruck gegeben und folgt mit unsicheren Schritten. Dann bleiben Sie in der Mitte des Wassers stehen und loben Ihr Pferd ausgiebig. Es wird schnuppern und evtl. mit dem Maul unter die Wasseroberfläche gehen oder trinken. Lassen Sie den Zügel durchgleiten und warten Sie ab. Versucht Ihr Pferd zu scharren oder zu planschen, reiten Sie an. Gescharrte Löcher im Untergrund sind zu gefährlich, außerdem ist dieses Scharren oft die Vorstufe zum Hinlegen.

Lassen Sie das Führpferd aus dem Wasser herauskommen und reiten Sie hintereinander erneut im Schritt an. Folgt das junge Pferd willig und schreitet, ohne stehen zu bleiben, hinterher, bleibt das Führpferd nun im Wasser stehen. Mit dem jungen Pferd verlässt man das Wasser und reitet – diesmal alleine – erneut hinein, während das erfahrene Pferd im Wasser steht.

GRUNDSATZ

Das Auffordern darf kein Herausfordern werden!

Der nächste Schritt ist das Traben ins Wasser hinter dem erfahrenen Pferd her. Da manche Pferde sich von dem um das Vorderpferd aufspritzenden Wasser irritieren lassen, muss sich der Reiter des jungen Pferdes auf ein Stocken gefasst machen. Häufig werden ängstliche Pferde auch von den Wasserspritzern derartig abgebremst, dass sie sich nicht trauen zu traben. Energisches Treiben muss dies verhindern. Danach trabt das Pferd ohne Führpferd hindurch. Dabei sollte man leichttraben, um den Rücken des Pferdes zu entlasten. Aussitzen nur, wenn vermehrtes Treiben erforderlich ist.

Wiederholen Sie die gleichen Schritte einige Tage später noch einmal genauso mit derselben Wasserstelle, bevor Sie sich an fremdes Wasser herantrauen. Es gibt aber auch mutige Youngster, die sich vom Wasser nicht einschüchtern lassen. Dann gehen Sie ruhig noch einen Schritt weiter und galoppieren zum Abschluss durch das Wasser. Manche Pferde haben von Anfang an Spaß am Wasser. Diese Motivation sollten Sie

Nach der Gewöhnung galoppiert das junge Pferd selbstverständlich durchs Wasser.

nutzen, besonders bei warmem Wetter, denn die Durchquerung einer Wasserstelle ist eine wohltuende Abkühlung auch für die Pferdebeine. Ein Pferd an Wasser zu gewöhnen ist nicht nur für ein Geländepferd nötig: Springpferde haben im Parcours mit nassen Plätzen und Pfützen zu kämpfen, auch ein Dressurviereck kann nach einem heftigen Regenschauer mit Pfützen bedeckt sein. Die Wassergewöhnung ist keine Frage der Technik, sondern des Vertrauens. Mit Geduld und Überzeugung wird Ihr Pferd die Scheu verlieren. Nehmen Sie sich die nötige Zeit und Geduld! Hat die erste Gewöhnung geklappt, dann fahren Sie zu unterschiedlichen Wasserstellen.

Für die Grundausbildung des jungen Pferdes ist Wassergewöhnung ein Teil der Erziehung zum Gehorsam und gehört in jeden Ausbildungsplan. Bereits in Geländepferdeprüfungen der Klasse A muss das Pferd nicht nur durchs Wasser galoppieren, sondern auch schon mutig ins Wasser springen.

Selber habe ich schon erlebt, dass ein junges Pferd trotz zwei Führpferden hartnäckig das Wasser verweigerte. Der einzige Weg, es zu überzeugen, war ein Führer mit Gummistiefeln, der es am Strick ins Wasser führte.

SPRINGEN VON STUFEN

Ob man eine Stufe zuerst bergauf oder bergab springt, ist von den individuellen Trainingsmöglichkeiten abhängig. Hat Ihr Trainingsplatz beispielsweise eine angelegte Grube, müssen Sie zuerst hineinspringen, um dann wieder über eine Stufe herausspringen zu können. Die zweite Variante ist ein Wall. Hier springt man zuerst eine Stufe bergauf und dann wieder hinunter. Wichtig ist, dass mit niedrigen Stufen begonnen wird.

01 Nach anfänglichem Zögern …

02 … fasst das junge Pferd Mut …

03 … und springt beherzt die Stufe hinauf.

01

02

03

01

02

01 – 02 Beine sortieren beim Absprung ist im ersten Moment gar nicht so einfach.

Was muss der Reiter beachten? Die Landestellen müssen gut präpariert sein, d. h. nicht zu hart und ohne Löcher. Habe ich das beim Schrittreiten kontrolliert, fange ich an, mein Pferd zu lösen. In der Lösungsphase trabe und galoppiere ich wieder um die bekannten Hindernisse herum und reite durchs Wasser. Habe ich eine Wellenbahn oder einen Hügel zur Verfügung, beziehe ich das Traben und Galoppieren bergauf und bergab mit in die vorbereitende Arbeit ein. Dabei wird nicht nur das Gleichgewicht geschult, sondern die gesamte Muskulatur gekräftigt und gymnastiziert. Der Trab und Galopp sollte immer in frischem, kontrolliertem Tempo geritten werden.

Wie müssen Absprünge angeritten werden? Anfangs wird im ruhigen Trab oder sogar im Schritt angeritten. Der Reiter sollte aussitzen und mit dem Gesäß am Sattel sein, um besser treiben zu können. Würde er beim Leichttraben gerade aufstehen, wenn das Pferd abspringt, könnte er nur schwer in der Bewegung mitgehen. Ruhiges Tempo ist beim Anreiten notwendig, weil das unerfahrene Pferd langsam und vorsichtig herunterspringen soll.

Vorsicht bei jungen Pferden! Sie springen oft zuerst nach oben und landen dann mit allen vier Beinen gleichzeitig. Man sollte deshalb anfangs nicht zu tief hinunterspringen, denn solche unbeholfenen Landungen können die Gelenke überstrapazieren und das nötige Vertrauen beeinträchtigen.

Das Pferd sollte mit genügend langem Zügel zum Absprung geritten werden, weil es den Hals als Balancierstange braucht. Auch mit dem

NEUES ZUM SCHLUSS

Neue Hindernisse niemals zu Beginn der Stunde angehen. Am Anfang wiederhole ich immer erst das Gelernte der vorhergehenden Trainingseinheiten.

☞ SPRINGEN VON ZWEI STUFEN BERGAB

01

02

03

04

05

01 Neugierig und geschickt springt das junge Pferd die erste Stufe hinunter.

02 Beherzt lässt der Youngster sich fliegen.

03 Die nächste Stufe schon im Blick. Die Reiterin sitzt im Sicherheitssitz und federt die Landung im Bügel ab. Das schont den Pferderücken.

04 Hier sieht man sehr schön, wie die Hinterhand Last aufnimmt.

05 Gut gemacht! Die Reiterin hat die Zügel genügend verlängert, damit das Pferd sich gut ausbalancieren kann.

verlängerten Zügelmaß kann der Reiter die Verbindung zum Pferdemaul halten. Auf keinen Fall darf der Zügel zu kurz sein.
Der Oberkörper des Reiters ist leicht nach hinten geneigt. Das Reitergewicht darf nicht zusätzlich auf die Vorhand verlagert werden. Fester Knieschluss und ein verstärktes Durchtreten des Absatzes nach vorwärts-abwärts gibt dem Reiter vor allem in der Landephase die erforderliche Stütze. So kann der Unterschenkel nicht zurückrutschen. Der Reiter muss darauf achten, dass er seinem Pferd nicht in den Rücken fällt, sondern harmonisch mitgeht. Das ist anfangs oft leichter gesagt als getan. Beim Anreiten von Absprüngen (später auch Tiefsprüngen) muss das Tempo vorher durch vermehrtes „Platznehmen" im Sattel aufgenommen werden.
Worauf ist bei Aufsprüngen zu achten? Wichtig ist, dass der Reiter nicht hinter die Bewegung kommt. Hat ein noch unerfahrener Reiter dabei anfangs Bedenken, sollte er lieber in den Halsring fassen. Es ist immer besser, sich am Halsriemen festzuhalten, als das Pferd im Maul zu stören! Beim Anreiten von Aufsprüngen ist zwar ein frisches Tempo erforderlich, welches aber nicht mit einem schnellen und zu langen, flachen Galopp verwechselt werden darf.
Es gibt Pferde, denen das Auf- und Abspringen keine großen Probleme bereitet. Das sind häufig diejenigen, die körperlich keine Probleme und von Natur aus ein gutes Koordinationsvermögen und Gleichgewichtsgefühl haben. Ist ein Pferd noch schwach im Rücken oder nicht gut ausbalanciert, wird es diese Art von Geländehindernissen in kleineren Schritten üben müssen.
Springt ein Pferd trotz sorgfältiger Vorbereitung nur sehr widerwillig hinunter, muss ich mir als Reiter Gedanken machen: Ist dies eher mangelnder Mut oder tut meinem Pferd etwas weh? Hat es einen starken Willen, ist solch ein Übungsprozess auch eine Gehorsamsübung. Hat es Wachstumsprobleme oder einen schwachen Rücken, ist es nachvollziehbar, dass es nicht gerne bergab springt.
Aber keine Sorge: Die Anforderungen sind so gering, dass man ein normal trainiertes Pferd nicht überfordern kann, solange die Stufen niedrig sind.
Die zweite Variante ist der Wall bzw. die erhöhte Ebene. Das unerfahrene Pferd folgt wieder dem Führpferd im Trab, der Reiter lässt es zur Stufe hinschauen. Das Tempo muss frisch genug sein. Da sich das Pferd beim Hochspringen kräftig abdrücken muss, sollte die Hinterhand gut aktiviert sein. Der Schwung darf nicht verloren gehen, deswegen soll man nicht zu versammelt anreiten.
Für manche Pferde ist es anfangs schwierig zu taxieren, wann sie genau abspringen müssen. Bleibt das Pferd vor der Stufe stehen, dann lassen Sie es schnuppern. Auf keinen Fall aus dem Stand versuchen, es doch noch zum Hochspringen zu veranlassen! Bei einer Stufe bergab kann man ein unerfahrenes Pferd notfalls auch aus dem Schritt oder sogar aus dem Stand hinunterspringen lassen.

☞ SPRINGEN VON STUFEN BERGAUF UND BERGAB

01

02

03

04

01 Volle Aufmerksamkeit auf die Stufe hinauf.

02 Beherzter Sprung auf die Stufe

03 Beine sortieren

04 Oje – da geht es schon wieder runter!

05 Nur fliegen ist schöner!

05

01

02

01 Mit den treibenden Hilfen unterstützt die erfahrene Reiterin den Youngster beim Absprung.

02 Die Reiterin unterstützt und sitzt vorbildlich:

- *Tiefe Hände,*
- *Druck in den Absatz,*
- *Oberkörper ideal in der Balance,*
- *Zügelmaß ideal verlängert, um die Halsdehnung zuzulassen.*

So kann sich das junge Pferd optimal ausbalancieren und gute Erfahrungen sammeln.

Die Reiterin überzeugt den Youngster: Kombination aus Absprung …

… und Aufsprung

Bleibt das Pferd vor einer Stufe bergauf stehen, reitet man von Weitem mit viel Schwung noch einmal an. Wieder ist das Vorwärtstreiben beim geringsten Zögern entscheidend dafür, dass kein Schwung verloren geht. Springt es hinauf, wird oben wieder durchpariert und geklopft. Springt das Führpferd herunter, wird das junge Pferd freudig folgen. Im nächsten Durchgang wird die Stufe ohne Führpferd angeritten, wobei das Führpferd entweder auf oder hinter dem Wall steht. Es sollte sich nicht neben der Absprungstelle und auch nicht an der Anreitstelle befinden, um ein Kleben zu vermeiden. Eine Stufe beim ersten Training von Aufsprüngen aus dem Galopp anzureiten ist deswegen eine gute Übung, weil aus dem Galopp vielen Pferden der Aufsprung leichter fällt. Dies wäre ein guter Abschluss, bevor das Pferd noch im leichten Sitz vorwärts-abwärts galoppiert wird. Das Zügel-aus-der-Hand-kauen-lassen im Leichttraben mit anschließender Erholungsphase und Loben im Schritt sollte der Abschluss eines jeden Trainings darstellen.

WASSERAUS- UND -EINSPRÜNGE

Nachdem Sie inzwischen Ihr Pferd mit den unterschiedlichsten Geländehindernissen vertraut gemacht haben, steht als spannendes Erlebnis das Springen ins Wasser und heraus auf dem Programm. Wenn Sie mit Ihrem Pferd bei jedem Geländetraining zusätzlich durchs Wasser geritten sind, hat es inzwischen jede Scheu überwunden. Nach getaner Arbeit ist es für die Pferdebeine sogar eine wohltuende Abkühlung. Pferde, die immer noch zögerlich sind und nicht selbstverständlich durchs Wasser galoppieren, brauchen auch für den Sprung ins Wasser wieder ein Führpferd. Dabei ist auf genügend Abstand zwischen den beiden Pferden zu achten. Man weiß nie, wie junge Pferde beim ersten Mal reagieren. Manche machen Riesensätze und springen weit hinein. Da erfahrene Pferde eher rationell springen, kann es für das Führpferd gefährlich werden, wenn keine zwei bis drei Pferdelängen Abstand eingehalten werden. Grundsätzlich sollte man immer erst ins Wasser reiten und mit einem Sprung aus dem Wasser heraus beginnen. Danach fällt es dem jungen Pferd leichter, ins Wasser hineinzuspringen.

Gehört Ihr Pferd zu den mutigen Typen, können Sie nach dieser langen Wassergewöhnungsphase den ersten Versuch ruhig auch ohne Führpferd machen.

Wie bereite ich mich vor? Nach dem Lösen und Springen bekannter Hindernisse reite ich aus ruhigem Tempo einige Stufen bergab. Durch das Reiten von Absprüngen stellt sich das Pferd auf das Herunterspringen ein. Der Reiter übt die richtige Sitzposition, indem er den Zügel genügend durchrutschen lässt und mit seinem Oberkörper aufgerichtet bleibt. Der Druck in den Absatz nach vorwärts-abwärts und der feste Knieschluss bilden die Grundlage für sicheres Landen. Die Fußspitze sollte immer vor dem Knie sein. Außerdem trabe und galoppiere ich einige Male von beiden Seiten durchs spritzende Wasser.

Wie gehe ich nun vor?

1. Beginnen Sie mit einem Sprung aus dem Wasser hinaus, um das Pferd an das Wasser und die Bodenverhältnisse im Wasser zu gewöhnen. Wenn Sie die Möglichkeit haben, wäre es optimal, einen niedrigen Baumstamm zum Wasseraussprung zu wählen.
2. Galoppiert das Pferd flüssig durchs Wasser und springt sicher über den Baumstamm heraus, kann man auch über einen Baumstamm direkt ins Wasser springen.
3. Der erste Absprung sollte nicht zu tief hinunter ins Wasser gehen. Es genügt eine niedrige Stufe, die zuerst aus dem Trab angeritten wird.
4. Ein kleiner Baumstamm liegt direkt auf der Stufe, sodass das Pferd über den Baumstamm hinunter ins Wasser springt.

Zunächst springt der Reiter mit dem jungen Pferd aus dem Wasser hinaus.

Dieses schrittweise Vorgehen ist wichtig, um das Pferd nicht zu überfordern. Ob Sie mit Ihrem Pferd alle Schritte in einer Stunde erreichen, dürfte individuell verschieden sein. Bewältigt Ihr Pferd zwei bis drei Mal jede neue Aufgabe und springt vertrauensvoll, sind Sie auf der sicheren Seite. Es gibt aber auch Pferde, die länger brauchen, um sich auf eine neue Aufgabe einzustellen. Dann ist es ratsam, nur bis zum zweiten Schritt zu gehen und sich weitere Steigerungen für einen späteren Zeitpunkt aufzuheben. Grundsätzlich sollte man nur aus einem ruhigen Tempo ins Wasser springen, weil das Wasser den Schwung des Pferdes

WICHTIG

Sowohl bei jungen als auch bei erfahrenen Pferden gilt: Bevor ich mit meinem Pferd in das Wasser hineinspringe, trabe und galoppiere ich vorher durch das Wasser, damit das Pferd sich daran gewöhnen kann. Dann beginne ich mit dem jungen Pferd mit einem Wasseraussprung.

Wichtig beim Einsprung: Die Zügel rechtzeitig durchrutschen lassen, um das Zügelmaß deutlich zu verlängern!

erheblich bremst. Anfangs ist es sicherer, aus dem Trab anzureiten. Um mit dem Pferd in der Balance zu sein, muss der Reiter im Oberkörper deutlich aufgerichtet bleiben. Die Zügel können nicht lang genug durchrutschen, um dem Pferdehals völlige Freiheit zum Ausbalancieren zu geben (ähnlich wie bei den Absprüngen).

Was kann passieren? Das Pferd traut sich nicht und bleibt stehen. Folgen Sie erneut dem Führpferd und reiten sie energisch zu. Gehen Sie lieber in der Ausbildung einen Schritt zurück und fangen von vorne an. Manchmal ist es ratsam, einige Male ohne Sprung durchs Wasser zu galoppieren. Erst wenn dies ohne Zögern klappt, springen Sie wieder aus dem Wasser heraus. Steht das unerfahrene Pferd vor einem Baumstamm und will nicht darüber in die Tiefe springen, reitet man erneut an. Niedrige Hindernisse sollten so lange angeritten werden, bis ein unverkrampftes Abspringen gewonnene Sicherheit zeigt. Sollten Sie einmal mit Ihrem Pferd ins Straucheln geraten, müssen Sie auf jeden Fall noch einmal ins Wasser, damit kein Schreck zurückbleibt.

Mit Eifer mutig ins Wasser

☞ WASSERAUS- UND -EINSPRÜNGE

01

02

03

04

05

06

07

01 So sollte es sein: Man beginnt immer mit einem Sprung aus dem Wasser hinaus.

02 Danach folgt der Wassereinsprung.

03 Das Zügelmaß ist deutlich verlängert.

04 Die Fußspitze der Reiterin ist vor dem Knie.

05 Der Oberkörper bleibt aufrecht.

06 Sichere Landung mit Druck im Absatz.

07 Rhythmisches Weitergaloppieren durch das Wasser

TIEFSPRÜNGE UND TREPPEN

Treppen, auch Terrassensprünge genannt, sind eine Folge von Auf- oder Absprüngen, die überwiegend als In-Out gebaut sind. In den Geländepferdeprüfungen findet man sie bei niedrigen Stufen auch mit einem Galoppsprung dazwischen. Man kennt sie meistens mit zwei Ebenen.
Durch diese Hindernisse schult man Reaktionsvermögen und Geschicklichkeit sowie das weitgehend selbstständige Taxieren des Pferdes.
Treppen bergab dürfen nicht aus zu hohem Tempo gesprungen werden. Führen Sie rechtzeitig das Tempo zurück. Diese Art von Hindernis ist in Geländeprüfungen eine Rittigkeitsübung, um festzustellen, ob der Reiter sein Pferd sicher an den Hilfen hat.
Treppen bergauf reitet man mit genügend Schwung an. Der Galopp muss aber trotzdem geschlossen sein, d. h., das Pferd muss energisch unter den Schwerpunkt galoppieren. Ein zu schneller, auseinandergefallener, langer Galoppsprung ist fehlerhaft. Durch übertrieben versammeltes Galoppieren würde das Pferd dagegen zu viel Schwung an der ersten Stufe verlieren und unnötig viel Kraft für die folgenden Stufen aufwenden müssen.
Was kann passieren? Das unerfahrene Pferd zögert und hält an. Passiert dies beim Hinunterspringen, warten Sie ab und lassen Sie Ihr Pferd gucken. Es darf nicht ausweichen oder zurücktreten. Mit Stimme und Schenkeln weiter treiben, bis es sich traut. Genau wie bei einzelnen Stufen kann das Pferd auch hier aus dem Stand oder Schritt hinunter-

Tiefsprung mit Bürste als Absprunghilfe

Das junge Pferd springt couragiert in die Tiefe. Die Reiterin unterstützt die sichere Landung durch ihren aufrechten Oberkörper und ein deutlich verlängertes Zügelmaß.

springen. Machen Sie Ihrem Pferd durch Klopfen am Hals Mut. Beim erneuten Anreiten müssen Sie energisch und früh genug treiben, falls Ihr Pferd zögert.

Verweigert das unerfahrene Pferd vor der Treppe bergauf, reiten Sie erneut an, und zwar folgen Sie entweder nun einem Führpferd oder Sie reiten entschlossen und mit vermehrtem Schwung noch einmal an. Es muss sichergestellt sein, dass das Pferd vor den treibenden Hilfen des Reiters steht. Einige Male zulegen und zurückführen des Tempos frischen den Vorwärtsimpuls auf.

Übt man Tiefsprünge mit unerfahrenen Pferden, muss man sich auf unvorhersehbare Situationen einstellen. Manche Pferde machen unbeholfene Anfangssätze, überspringen sich, springen zu weit oder stolpern bei der Landung. Um dabei im Gleichgewicht zu bleiben und nicht am Zügel zu ziehen, ist der ausbalancierte Sitz des Reiters die wichtigste Voraussetzung. Ein Halsring zum Festhalten und das Landen im Bügel verhindern, dass der Reiter dem Pferd in den Rücken „plumpst".

Mit Vertrauen zum Reiter springt das unerfahrene Pferd mutig in die Tiefe.

GRÄBEN

Gräben sind Geländehindernisse, die in jedem Geländeritt vorkommen. Sie sehen eindrucksvoll aus, vor allem wenn sie tief oder mit Wasser gefüllt sind. Mit unerfahrenen Pferden darf man gerade in den ersten Übungsstunden keine Fehler machen. Das unerfahrene Pferd benötigt einen erfahrenen Reiter. Ist der Reiter unsicher, überträgt sich das sofort auf das Pferd. Dass ein Pferd vor seinem ersten Graben zögert, ist normal. Es muss durch entschlossenes Treiben unterstützt werden und so lange einem Führpferd folgen, bis es vertrauensvoll springt.

Der ideale Graben für die ersten Versuche sollte trocken und höchstens 0,8 bis 1 m breit sein, sodass das Pferd notfalls auch aus dem Stand springen kann. Prüfen Sie vorher, ob die Umrandung des Grabens gut sichtbar, d. h. nicht von Gras oder Unkraut überwuchert ist. Das Pferd muss sowohl die Absprunglinie als auch die hintere Begrenzung gut erkennen können. In Geländeprüfungen sieht man oft eine weiß angestrichene Umrandung, die verhindert, dass das Pferd auf die Kante tritt. Bisher haben wir unseren unerfahrenen Pferden die fremden Hindernisse im Schritt gezeigt. Bei Gräben ist dies immer ratsam. Wie gehen wir weiter in der Praxis vor? Man folgt dem Führpferd im Trab mit zwei bis drei Längen Abstand.
Reitet man zu dicht auf, kann es passieren, dass das Führpferd – wie schon beim Wassereinsprung – einen Ballentritt bekommt, falls das junge Pferd zu groß abspringt.
Man stellt sein unerfahrenes Pferd sicher an den verkürzten Zügel, sodass es sich auf die Hilfengebung konzentriert. Der Reiter sollte auf ein Zögern gefasst sein und im Aussitzen anreiten, um vermehrt treiben zu können. Häufig springt ein junges Pferd beim ersten Mal einfach hinterher, weil es den Graben gar nicht richtig wahrgenommen hat. Folgen Sie dem Führpferd lieber einmal mehr als bei anderen Hindernissen. Oft verweigert ein unerfahrenes Pferd erst beim zweiten Mal, und zwar möglicherweise erst im letzten Moment, wenn es den Graben sieht. Ist das Führpferd schon auf der anderen Seite des Grabens, kann es passieren, dass Ihr Pferd plötzlich doch noch abdrückt. Der Reiter muss auf alles gefasst sein und notfalls in den Halsring fassen.
Was passiert, wenn das Pferd stehen bleibt? Nicht sofort strafen, sondern zunächst ignorieren! Reiten Sie noch einmal im flüssigen Tempo entschlossen hinter dem Führpferd her. Die treibenden Hilfen des Reiters müssen beim Zögern die Unentschlossenheit des Pferdes ausgleichen. Die Stimme kann mit Schnalzen oder „Komm!“-Sagen unterstützen. Reicht der treibende Schenkel nicht aus, sollte die Gerte an der Schulter folgen. Reagiert das Pferd nicht genügend, folgt die Gerte hinter dem Schenkel. Konsequentes Anreiten ist wichtig! Nur so kann der Reiter ein Stehenbleiben verhindern.
Denken Sie an die Erziehung zum Gehorsam. Springt das Pferd über den Graben, parieren Sie sofort durch zum Trab und Schritt und loben Ihr Pferd. Mit der Stimme und dem Klopfen am Hals wird sich das Pferd schnell wieder beruhigen.
Nach einer kurzen Erholungspause im Schritt wiederholen Sie mit Führpferd so lange die Übung, bis das Pferd, ohne zu zögern, vertrauensvoll über den Graben springt.
Wie reagieren Sie richtig, wenn Ihr Pferd seitlich vorbeiläuft? Vor dem erneuten Anreiten nehmen Sie die Gerte auf die Seite, an der das Pferd vorbeigelaufen ist. Sie stellen Ihr Pferd sicher an die Hilfen und reiten dressurmäßig im Aussitzen einige Übergänge: Trab – Halten, Rückwärtsrichten, Übergänge Trab – Galopp, Tempounterschiede im

Was ist das für ein ungeheuerliches Hindernis?

DIE PSYCHE DES PFERDES – DAS MASS DER DINGE!

Die Erfahrungen, die ein junges Pferd anfangs sammelt, prägen sein späteres Verhalten. Es wird sich erinnern, ob es durch geschicktes Reiten Vertrauen zu Gräben gefunden hat. Ängstliche Pferde brauchen mehr Zeit, Ruhe und häufiges Üben. Selbstbewusste Pferdepersönlichkeiten müssen von Anfang an wissen, dass sie keine andere Wahl haben, als zu springen, wenn der Reiter es will. Haben sie diese Gehorsamsübung gelernt, werden sie in der Regel später keine Probleme machen. Hat ein Reiter aber die Geduld verloren und sich auf einen Machtkampf eingelassen, wird sich das Pferd auch daran erinnern und sich mit Gräben nur schwer anfreunden.

Ein beherzter Sprung über den überbauten Graben

Galopp usw., bis Ihr Pferd sicher vor den treibenden und an den äußeren Hilfen steht. Die meisten Pferde versuchen, immer wieder zur selben Seite auszubrechen. Ein Fangständer ist eine gute Begrenzung. Haben Sie zwei Fangständer griffbereit, gehen Sie kein Risiko ein und bauen an beiden Seiten eine Hilfestellung auf. Steht kein Fangständer zur Verfügung, kann man auch Stangen verwenden. Folgen Sie dem Führpferd und lassen Sie Ihrem Pferd keinen Freiraum zur Flucht! Hat das unerfahrene Pferd den Graben zunächst mit und dann ohne Führpferd einige Male sicher gesprungen, beenden Sie das Grabentraining mit viel Lob und ausgiebigem Schrittreiten. In der ersten „Grabenstunde" würde ich keinen weiteren neuen Graben anreiten. Man sollte mit dem Erfolg zufrieden sein. Einige Tage später reiten Sie nach dem gleichen Prinzip noch einmal über den bereits bekannten Graben; danach würde ich einen neuen Graben wählen.

TRAKEHNER GRABEN

Ist ein Graben mit einem Baumstamm überbaut, nennt man ihn Trakehner Graben. Anfangs sollte der Baumstamm den Graben genau längs halbieren, sodass vor und hinter dem Baumstamm der Graben gleichmäßig verteilt und gut sichtbar ist. So können unerfahrene Reiter und Pferde in der Anfangsphase die volle Hindernisbreite anreiten.

Ein routinierter Sprung über den Baumstamm mit Graben

Mutig und selbstverständlich springt der Youngster über den kleinen überbauten Graben.

COFFIN

Eine typische Geländeanforderung ist das Coffin. Ein Coffin ist eine Kombination aus drei Elementen: Einsprung – Graben – Aussprung. Beim Einsprung handelt es sich meist um einen Baumstamm oder ein anderes massives Hindernis. Das Pferd sieht erst im Absprung, was dahinterliegt. Dann soll es ein oder zwei Galoppsprünge bergab galoppieren und über einen offenen Graben springen. Für unerfahrene Pferde ist es oft leichter, wenn der Graben überbaut ist. Nach dem Graben reitet man ein oder zwei Galoppsprünge bergauf und springt beispielsweise über einen Baumstamm als Aussprung. Je nach Schwierigkeitsgrad liegt der Graben tiefer, und es geht entweder leicht oder steil bergab und bergauf.
Anfangen sollten Sie mit einem sehr leichten Coffin. Das Pferd muss sicher und ohne Zögern über Gräben springen. Erst wenn das klappt, reitet man einen Coffin an.
Hatte das unerfahrene Pferd schon beim Erlernen der Gräben Probleme, reitet man anfangs hinter einem Führpferd her. Sie können Ihr Pferd nicht unter-, sondern nur überfordern. Wählen Sie einen Coffin mit breiten Elementen, um das Pferd nicht zum Vorbeilaufen zu provozieren.

01

02

01 Hecke mit MIM-System. Gerade bei jungen Pferden ist Sicherheit wichtig.

02 Junge Pferde müssen erst lernen durch Bürsten zu wischen und überspringen sich anfangs häufig.

HECKEN

Hecken gehören zu den typischen Naturhindernissen, die auch gerne auf Jagden gesprungen werden. Anfangs sollten die Hecken nicht zu hoch sein, damit das junge Pferd sich nicht zu stark überspringt. Überspringen kostet viel Kraft und bedeutet einen aufwändigen Bewegungsablauf, der die Gelenke stärker belastet und auch das Risiko einer möglichen Verletzung mit sich bringt. Erst im Laufe der Zeit lernen die Pferde, durch die Hecken zu wischen. Vorsichtige Pferde brauchen manchmal länger, bis sie rationell springen.
Bürsten über dem festen Element des Geländehindernisses dienen auch zur Sicherheit. Das Pferd springt dadurch etwas höher. In brenzligen Situationen wischt es notfalls durch die Bürste und die Verletzungsgefahr wird reduziert.

SCHMALE HINDERNISSE

Das Springen über schmale Hindernisse gehört heute zu den Standardabfragen in jeder Vielseitigkeitsprüfung. Es bedarf viel Übung und Vertrauen zwischen Pferd und Reiter. Führen Sie Ihr Pferd immer schrittweise an schmale Sprünge heran und erschweren Sie die Aufgabe nach und nach.
Zum Kennenlernen für das Pferd kann man das schmale Hindernis seitlich mit aufgelegten Führungsstangen begrenzen und auch eine Stange als Absprunghilfe waagrecht vor das Hindernis legen. Dann werden die seitlichen Stangen auf den Boden gelegt und schließlich ganz weggelassen.

Schmales Trapez, ...

ECKEN

Junge Pferde müssen auch frühzeitig an Ecken herangeführt werden, da diese in jeder Geländeprüfung zu finden sind. Anfangs dürfen die Ecken außen nicht zu breit sein. Idealerweise ist die Spitze durch einen Fangständer oder durch Stangen gesichert, um ein Vorbeilaufen gar nicht erst zu provozieren. Das Reiten von Ecken kann erst dann begonnen werden, wenn der Reiter das Pferd sicher auf der Linie halten kann. Wie bei schmalen Hindernissen werden die Stangen erst auf die Spitze, dann auf den Boden gelegt und dann erst weggenommen.

... schmale Ecke ...

... müssen früh genug geübt werden.

☞ SCHMALER QUADER MIT BÜRSTE

01

02

03

04

05

06

So sollte es sein:

01 Aufmerksam schaut das Pferd zum Hindernis…

02 …fußt kraftvoll ab…

03 …winkelt die Vorderbeine…

04 …wischt leicht durch den hinteren Bürstenteil…

05 …lässt sich fliegen…

06 …und streckt sich in der Landephase.

Ein Oxer mit MIM-System

KOMBINATIONEN

Selbstverständlich gibt es in Geländeritten nicht nur Einzelhindernisse, sondern auch Kombinationen, vergleichbar mit denen in Springparcours. Die Abstände und Distanzen können unterschiedlich ausfallen, sollten aber immer passend und fair gebaut sein. Üben kann man solche Kombinationen beispielsweise mit mobilen, transportablen Naturhindernissen. Ob Kombinationen oder Einzelhindernisse – sorgen Sie immer für das passende Tempo, den optimalen Anreitweg und einen flüssigen Rhythmus. Auch die Bodenverhältnisse spielen eine wichtige Rolle. Haben Sie die verschiedenen Geländehindernisse in fremder Umgebung geübt, sind alle Voraussetzungen für das Reiten der ersten Prüfung absolviert. Unser Ziel, das harmonische und sichere Überwinden von Geländesprüngen, ist erreicht. Mit jeder Prüfung kann das Üben reduziert werden, weil die Pferde in den Prüfungen neue Erfahrungen sammeln. Mögliche Unsicherheiten während eines Geländerittes müssen durch vertrauensfördernde Übungen im Training abgebaut werden: mit einfachen Übungen in kleinen Schritten das Vertrauen wiederherstellen. So kommen Sie sicher ans Ziel!

MIM-SICHERHEITS-SYSTEM

Das aus Schweden stammende MIM-Sicherheits-System funktioniert nach dem Prinzip eines aufklappbaren Scharniers. Bei einem Anschlagen von ca. 300 kg an das Hindernis bricht ein Safety-Kit und der obere Teil des Sprunges klappt zusammen. Der Rückbau eines Hindernisses dauert nur ein bis zwei Minuten.

DER WEG
— *zum Turnierstart*

TIPPS FÜR DIE ERSTEN TURNIERSTARTS

Ein Prüfstein für die Richtigkeit jeder Ausbildungsarbeit ist der Start auf dem Turnier. Zu Hause in der vertrauten Umgebung der Reitbahn, des Reitplatzes und des Geländes spielt die „Macht der Gewohnheit" eine große Rolle. Das Pferd ist nicht abgelenkt, innerlich ruhiger und deshalb leichter zu guten Leistungen fähig. Manchmal schätzt der Reiter die Leistung auch falsch ein. Man unterliegt leicht der Gefahr der Selbsttäuschung, indem man die Leistung seines Pferdes höher einschätzt, als sie in Wirklichkeit ist. Geht man dann aufs Turnier und wird von einem Richtergremium mit einer Wertnote beurteilt, so wird man mitunter hart auf den Boden der Tatsachen zurückgeführt. Damit soll nicht gesagt werden, dass jedes Richterurteil immer verständlich und überzeugend begründet ist. Grundsätzlich sollte man aber davon ausgehen, dass alle Richter auf den Turnieren bemüht sind, korrekt und fair zu richten.
Jeder ehrliche Reiter wird eingestehen, dass er sich manchmal selbst etwas vorgemacht und ihm ein Turnierstart wieder die Augen geöffnet hat. Nur wenn wir zu dieser Einsicht fähig sind, werden wir auf Dauer Erfolg haben.

Das junge Pferd trabt losgelassen und ausdrucksvoll trotz imposanter Kulisse.

Durch jeden Turnierstart lernt das junge Pferd etwas hinzu.

SORGFÄLTIGE VORBEREITUNG

Auf jeden Turnierstart müssen wir uns sorgfältig vorbereiten, wenn wir den Erfolg nicht dem Zufall überlassen wollen. Das gilt insbesondere für die ersten Starts mit jungen Pferden. Die Atmosphäre auf dem fremden Turnierplatz ist für das junge Pferd ungewohnt. Publikum, Fahnen, Lautsprecher, die vielen fremden Pferde, all das wirkt auf das unerfahrene Pferd zunächst beunruhigend. Es kann etwa eine Saison dauern, bis das Pferd die notwendige Turniererfahrung gesammelt hat und in der Lage ist, die zu Hause gezeigten Leistungen auch auf dem Turnier zu erbringen. Auch dann kommt es noch bei jedem Start auf die richtige Vorbereitung an.

Zur Vorbereitung auf den ersten Turnierstart üben wir regelmäßig mit den Pferden den Ablauf unter fremden (Turnier-)Bedingungen. Dazu legen wir einen bestimmten Zeitpunkt fest, an dem wir die Prüfung reiten wollen. Wir verladen und fahren zu einer benachbarten Reitanlage, um in fremder, ungewohnter Umgebung zu üben.

Wenn man sich vornimmt, zu einer bestimmten Uhrzeit eine Prüfung zu reiten, muss man die optimale Vorbereitungszeit herausfinden. Dazu gibt es bestimmte Anhaltspunkte. Ein trainiertes Pferd sollte man etwa 30 bis 40 Minuten abreiten, ehe es für eine Prüfung vorbereitet ist. Ein triebiges Pferd braucht manchmal weniger, ein fleißiges Pferd auch mehr Zeit. Die Vorbereitungszeit sollte unterteilt werden in die Phase des ruhigen Lösens und des anschließenden sorgfältigen Abreitens. Bei einer Dressurprüfung übt man im zweiten Teil einige Ausschnitte aus der Aufgabe, um das Pferd mit der Lektionenfolge der wesentlichen Aufgabenteile vertraut zu machen. Dabei wird sich zeigen, dass bestimmte Teile dem Pferd entgegenkommen, andere jedoch Schwierigkeiten bereiten können.

VOR DEM START KEINEN STRESS VERURSACHEN

Es besteht natürlich die Gefahr, dass der Reiter gerade schwierige Teile bzw. Lektionen mehrfach reitet, um sie zu verbessern. Am Tage des Starts ist dies problematisch. Denn der Reiter läuft Gefahr, sich an einigen Lektionen festzuziehen mit der Folge, dass Unstimmigkeiten zwischen Reiter und Pferd entstehen und nachher die ganze Prüfung nicht optimal verläuft.

Hier müssen Reiter und insbesondere Reitlehrer bzw. Betreuer viel Feingefühl entwickeln. Wenn ein Pferd beim Abreiten in einer bestimmten Lektion Schwierigkeiten zeigt, kann man diese als Reiter nur gefühlvoll überspielen. Was das Pferd bis zum Tag des Starts nicht gelernt hat, kann es auch unmittelbar vor dem Start kaum noch lernen. Deshalb sollte der Reiter sein Augenmerk mehr auf die Grundrittigkeit

TURNIERSTARTS

Wie viele Turnierstarts das junge Pferd in der ersten Saison benötigt, ist individuell verschieden. Wenn das Pferd seine Aufgaben brav erfüllt, dann sind keine weiteren Starts nötig.

richten, auf die Durchlässigkeit, und darauf achten, dass das Pferd innerlich zufrieden das Dressurviereck oder den Springplatz betritt. Aus meiner Erfahrung möchte ich den Rat geben, die Vorbereitungszeit bei den ersten Starts nicht zu kurz zu wählen. In den meisten Fällen misslingen Prüfungen dann, wenn sich der Reiter mit dem Abreiten nicht genug Zeit gelassen hat. Man sollte sich lieber etwas länger Zeit nehmen, als sich mit dem Pferd unter Zeitdruck zu verspannen. Vor dem Einreiten sollte man die Tritte oder Sprünge verlängern, um das Annehmen des Treibens und das Zurückführen des Tempos noch einmal zu prüfen. Als Letztes sollte man für eine Dressurprüfung das Einreiten üben und das Pferd loben.

Ruhiges, gelassenes Stehen während der Grußaufstellung kann man nicht früh genug anfangen zu üben.

In voller Harmonie: Konzentriert und sicher, so soll es sein!

Beim Abreiten für eine Springprüfung trabt man nach der Lösungsphase über ein niedriges Kreuz. Bei manchen Pferden ist eine vorgelegte Trabstange hilfreich. Nach dem Hindernis pariert man weich zum Trab durch und wiederholt die Übung einige Male. Im Anschluss springt man aus dem Galopp einen niedrigen Steilsprung, der dann langsam erhöht wird. Danach folgt ein Oxer, der durch die höhere hintere Stange für die Pferde leicht zu taxieren ist. Auch dieser Oxer wird langsam erhöht – insgesamt sollte man nicht zu viele und nicht zu hohe Sprünge machen, damit die Pferde nicht zu schnell ermüden und das Vertrauen behalten. Für Geländeprüfungen werden die Pferde nach der Lösungsphase zunächst rhythmisch galoppiert. Man beginnt aus dem ruhigen Galopp mit dem niedrigsten Naturhindernis, welches auf dem Abreiteplatz bereitgestellt ist. Wenn dieses Hindernis einige Male vertrauensvoll überwunden worden ist, werden die anderen Naturhindernisse dann aus etwas höherem Tempo gesprungen. Die letzten Hindernisse vor dem Einritt sollten in Prüfungstempo gesprungen werden, wobei das flüssige Galoppieren vor und nach dem Hindernis von großer Bedeutung ist.

TURNIERATMOSPHÄRE HAT EIGENE GESETZE

Zu Hause kann man zwar „Turnierreiten" üben, trotzdem ist die Atmosphäre am Tag des Turniers meistens anders, unruhiger und deshalb nur bedingt vorhersehbar. Darin liegt u. a. auch der Reiz des Turnierreitens.

Wenn man vorher alles berechnen und einkalkulieren könnte, gäbe es keine Überraschungen mehr. Für den ersten Start nach einer längeren Turnierpause sollten wir die Zeit für das Abreiten um etwa 10 bis 15 Minuten länger ansetzen. Ich habe schon Pferde gehabt, die so abgelenkt waren, dass ich sie längere Zeit abreiten musste, ehe ich einreiten konnte. Einige Wochen später waren sie dann wie umgewandelt und benötigten nur die sonst übliche Vorbereitungszeit.

Für die ersten Starts in Spring- und Geländeprüfungen gelten in etwa die gleichen Gesetze. Das Abreiten geschieht wie bei der heimatlichen Vorbereitung auf das Parcours- oder Geländespringen.

Der Reiter selbst muss vor Beginn der Prüfung die Linienführung und den Parcours genau kennen. Er geht zu Fuß den Parcours ab, und zwar vom Start bis zum Ziel, genau auf dem Weg, den er reiten will.

Für 4-jährige Pferde ist die Parcoursbesichtigung in einer Springpferdeprüfung zu Pferde sinnvoll und zweckmäßigerweise erlaubt.

Auch das Abreiten der Geländestrecke ist mit den jungen Pferden in Geländepferdeprüfungen der Klasse A erlaubt.

Bei jedem Hindernis überlegt der Reiter, an welcher Stelle er mit seinem Pferd springen will. Das ist von verschiedenen Umständen abhängig:

Vertrauensvoll und ruhig galoppiert das junge Pferd durch das Wasser.

— von der Richtung, aus der er kommt,
— von der Richtung, in die er weiterreiten muss,
— von der Beschaffenheit des Bodens an der Absprung- und Landestelle,
— von der Beschaffenheit des Hindernisses.

Auch für die ersten Turnierstarts sollten wir unser Augenmerk auf eine gute stilistische Leistung richten. Mein Vater sagte dann immer vor dem Einritt: „Schön auf den Stil achten!" Gemeint waren dabei sowohl das passende (Grund-)Tempo als auch der gute Sitz und die richtige Einwirkung zwischen und über den Hindernissen und in den Dressurprüfungen.
Wenn die ersten Turnierstarts weniger gelingen, sollten wir nicht gleich den Kopf hängen lassen. Wir sollten uns damit trösten, dass auch bei den besten Reitern Turnierprüfungen mit jungen Pferden nicht immer von Anfang an erfolgreich sind – und das trotz sorgfältiger Vorbereitung. Ein Pferd ist eben ein Lebewesen – unser Sportpartner! Deshalb sollte nicht das Ergebnis der Prüfung für den Reiter allein entscheidend sein, sondern die Feststellung, was richtig und was falsch war.
Jeder Turnierstart sollte zum Nachdenken anregen und eine Antwort auf die Frage nach dem jeweiligen Leistungsstand geben sowie Hinweise für die weitere Ausbildungsarbeit. Jeder Turnierstart ist dann gut und sinnvoll gewesen, wenn das Pferd durch den Start Fortschritte in der Ausbildung gemacht hat und der Reiter dabei wertvolle Erfahrungen und Erkenntnisse für die weitere Ausbildung sammeln konnte. Der Reiter kann in Ruhe zu Hause weiterarbeiten, weil er nun weiß, was er verbessern muss.

Je routinierter die Reiterin, desto schneller wächst das Selbstbewusstsein des jungen Pferdes.

TRAININGSPLAN FÜR DIE GRUNDAUSBILDUNG

Der nachfolgende Trainingsplan fasst noch einmal zusammen, wie das junge Pferd an seine Aufgabe als Reitpferd herangeführt werden soll. Bezüglich der Zeitabschnitte, die für die einzelnen Anforderungen bis zum Erreichen der Ausbildungsstufe der Klasse A erforderlich sind, kann der Plan natürlich nur Anhaltspunkte geben. Er soll zum Mitdenken anregen und die Gedanken festhalten, die das jeweilige Ausbildungsziel begründen. Es bleibt der Entscheidung des Reiters/Ausbilders überlassen, die Anforderungen so zu stellen, dass sie dem Entwicklungsstand des Pferdes entsprechen. Dabei kann es vorkommen, dass einzelne Stationen zeitlich länger angesetzt werden müssen. Vorsicht sollte geboten sein, wenn die Ausbildung wesentlich schneller verläuft als die einzelnen Zeitabschnitte, die im nachfolgenden Plan angegeben sind. Wir müssen uns dann fragen, ob unser Pferd tatsächlich derartig veranlagt ist, dass es so schnell begreift und lernt, ohne nervliche oder gesundheitliche Schäden davonzutragen. Das wird nur sehr selten der Fall sein. Der gute Rat eines erfahrenen Ausbilders wird deshalb stets dahin gehen, sich die vorgegebene Zeit zu lassen und lieber ab und zu eine Pause einzulegen, in der das bereits Gelernte in Ruhe wiederholt und gefestigt wird.

ERSTER MONAT (SEPTEMBER)

Leitgedanke Gewöhnung des noch ungerittenen Pferdes an die neue Umgebung im Reitstall und Vorbereitung auf das Anreiten; Gewöhnung an Stall und Bezugsperson sowie Futterumstellung. Lassen Sie dem Pferd genügend Zeit, sich in seinem neuen Stall einzuleben. Der ständige Betreuer macht das Pferd mit den einzelnen Pflegehandlungen vertraut. Wir beobachten das Pferd beim Freilaufen. Von der zweiten Woche an erfolgt die Gewöhnung an Sattel und Zaumzeug. Wir machen mit dem Pferd Spaziergänge und erkunden die nähere Umgebung von Stall und Reitbahn. In der zweiten und dritten Woche üben wir Mustern an der Hand. In der vierten Woche lassen wir das Pferd zum ersten Mal freispringen über ein kleines Hindernis, später zwei bis drei kleine Hindernisse in Folge. Täglicher Weidegang oder Auslauf im Paddock ist wichtig für den physischen und psychischen Ausgleich des jungen Pferdes.

Das junge Pferd genießt seinen täglichen freien Auslauf.

ZWEITER MONAT (OKTOBER)

Leitgedanke Longieren und erstes Anreiten.
Wir longieren das Pferd und nehmen uns dafür acht bis zehn Tage Zeit. Gleichzeitig ergänzen wir die Ausbildung durch freies Bewegen in der Reitbahn unter Hinzunahme von lang geschnallten Ausbindezügeln. Wir gewöhnen das Pferd an der Longe an das ruhige Überschreiten von Cavaletti im Schritt und führen es über einzelne bunte Stangen. Im Schritt und beim Führen über Stangen werden die Ausbindezügel ausgehakt. In der zweiten Woche richten wir unser Augenmerk an der Longe auf das Erreichen von taktmäßigen und losgelassenen Bewegungen im Arbeitstrab.
In der dritten Woche folgt das erste Anreiten. Wir üben Auf- und Absitzen und gewöhnen das Pferd in der dritten und vierten Woche an das Reitergewicht. Zuerst wird an der Longe Schritt, dann Trab geritten. Im Trab wird leichtgetrabt. Der Einsatz eines älteren Führpferdes hat sich sehr bewährt und unangenehme Überraschungen beim freien Reiten verhindert. Durch Freispringen schaffen wir Abwechslung und durch Freilaufenlassen ohne Reiter Freude an der Bewegung zur Verbesserung der Losgelassenheit.

In den ersten Wochen der Ausbildung gewöhnen wir das Pferd an die Arbeit an der Longe.

DRITTER MONAT (NOVEMBER)

Leitgedanke Entwicklung der Losgelassenheit unter dem Reiter; Entwicklung von Schubkraft und Anlehnung an der Longe; ruhige Trabarbeit im Leichttraben auf beiden Händen auf dem Zirkel und ganze Bahn. Galoppieren auf dem Zirkel und ganze Bahn. Trab-Schritt-Übergänge, Zügel-aus-der-Hand-kauen-lassen. Wenn möglich oder noch nötig hinter einem Führpferd im Schritt und Trab über Cavaletti und einzelne Stangen reiten. Schrittreiten im Gelände in Gesellschaft eines älteren Pferdes – „Tummeln im Gelände".
Während der Arbeit an der Longe mit Stimme und Longierpeitsche an treibende Hilfen gewöhnen. Kurze Reprisen im Galopp an der Longe. Durch zwischenzeitliches Zulegen und Auffrischen des Tempos im Trab schon die Schubkraft ansprechen und Anlehnung an das Gebiss immer an oder geringfügig vor der Senkrechten einhalten. Auf richtiges, nicht zu kurzes Ausbinden muss geachtet werden. Cavaletti-Arbeit an der Longe als Ergänzungsgymnastik zur Stärkung der Rückenmuskeln. Freispringen. Freies Bewegen in der Reitbahn. Vormustern üben!

Jede Trainingseinheit beginnt mit entspanntem Schrittreiten mit hingegebenem Zügel, gerne draußen an der frischen Luft.

VIERTER MONAT (DEZEMBER)

Leitgedanke Gehorsam auf vorwärts treibende Gewichts- und Schenkelhilfen; beginnende Schwungentfaltung unter dem Reiter durch Tritte verlängern; erste Springübungen.
Gewöhnung an die vermehrt treibenden Schenkelhilfen. Leichtes An-den-Zügel-stellen und Verbessern der weichen Anlehnung an das Gebiss unter dem Reiter. Spazierenreiten im Gelände, soweit es die Witterung erlaubt. Galoppieren im leichten Sitz mit weicher Anlehnung. Traben über niedrige Hindernisse/Cavaletti in der Reitbahn oder auf dem Reitplatz.

FÜNFTER MONAT (JANUAR)

Leitgedanke Gehorsam auf einseitige Hilfen; Gymnastikspringen mit Cavaletti bzw. Springreihen.
Zum Lösen des Pferdes lang und tief einstellen mit Genickkontrolle und mehrfach in der Stunde Zügel-aus-der-Hand-kauen-lassen üben. Üben von Vorhandwendungen, Schenkelweichen, Viereck verkleinern und vergrößern. Gehorsames Halten. Weiterentwicklung der Schubkraft und Festigung der Anlehnung durch Tritte verlängern aus dem Arbeitstrab an den langen Seiten. Mehrfaches Angaloppieren in der ersten Ecke der kurzen Seite und zurückführen des Tempos vom Galopp

Erstes Tritte verlängern

zum Trab nach ca. ein bis zwei Runden. Üben von Übergängen vom Trab zum Galopp und umgekehrt nach jeweils ein bis zwei Runden auf dem Zirkel.
Reiten im Gelände, sofern es die Witterung erlaubt, und dabei Gewöhnung an Bodenunebenheiten und Wellenbahn.
Unterstützende Longenarbeit, Freispringen, Cavaletti-Arbeit unter dem Reiter im Schritt und Trab. Springen von unterschiedlichen Gymnastikreihen.

SECHSTER MONAT (FEBRUAR)

Leitgedanke Reiten auf gebogenen Linien; Springen unterschiedlicher Einzelhindernisse; kontrolliertes Ausreiten ins Gelände.
Im Arbeitsteil der Reitstunde konzentrieren wir uns auf das verbesserte Ausreiten der Ecken. Wir üben genaues Ausreiten der Zirkellinie, Schlangenlinien, große Volten, Kehrtwendungen und am Ende des Monats die Acht auf der kurzen Seite zur gleichmäßigen Biegung des Pferdes auf beiden Seiten mit abschließendem Tritte verlängern.
Im Übrigen wiederholen wir Übungen zur Schwungentfaltung und zur Festigung der Anlehnung.

In ähnlicher Weise legen wir Wendungen, Bögen und Schlangenlinien zwischen Hindernissen an und machen zwischendurch einzelne Sprünge. Entwicklung der Springtechnik über einzelne Hindernisse (Aufbau mit vier Einzelhindernissen).
Verbesserung der Kondition durch zusätzliches Ausreiten.

SIEBTER MONAT (MÄRZ)

Leitgedanke Übungen zur Verbesserung der Durchlässigkeit; Springen von Hindernisfolgen und Kombinationen; erste Geländesprünge.
In diesem Monat ergänzen wir die Übungen zur Erziehung des Gehorsams auf die treibenden Hilfen durch Zulegen und Zurückführen des Tempos.
Wir verbessern damit die Durchlässigkeit „von hinten nach vorne" (Tritte und Sprünge verlängern) und „von vorne nach hinten" (zurückführen des Tempos), im Trab auf geraden Linien, im Galopp vornehmlich auf dem Zirkel. Wir üben das Rückwärtsrichten.
In der dritten und vierten Woche reiten wir jeweils an einem Tag eine Dressurpferdeaufgabe der Klasse A aus dem Aufgabenheft.
Im Übrigen wiederholen und festigen wir das in den Vormonaten Gelernte.
Im Springen üben wir Hindernisfolgen auf geraden Linien und Kombinationen. Neben der Verbesserung der Springmanier gewöhnen wir unser Pferd an unterschiedliche Unterbauten. Mit der Geländearbeit, dem Einüben von kleinen Naturhindernissen, kann begonnen werden.

Erstes Zurückführen des Tempos

ACHTER MONAT (APRIL)

Leitgedanke Verbesserung von Geraderichten und Schwung; Reiten eines leichten A-Parcours; Geländehindernisse.
Wir korrigieren die natürliche Schiefe durch Übungen und Lektionen wie Reiten auf gebogener Linie, Zirkel, Schlangenlinien, Viereck verkleinern und vergrößern, Schenkelweichen, auf der offenen Zirkelseite übertreten lassen im Schritt und Trab, im Ergebnis „Schultervor".
Wir widmen uns intensiv der Entwicklung der Grundgangarten Trab und Galopp: Tritte und Sprünge verlängern und Tempo zurückführen. Dazwischen Überstreichen und während der Stunde vermehrt im Trab und Galopp Zügel-aus-der-Hand-kauen-lassen.
Es wird Frühjahr. Die Geländeausbildung gewinnt Vorrang. Wir üben das Springen typischer Geländehindernisse wie z. B. Wasser, Stufen und Gräben. Die frische Luft und das ruhige Ausreiten sind sehr wichtig. In den letzten Wochen üben wir das Springen von Parcoursausschnitten und springen den ersten Parcours mit den Anforderungen der Klasse A.

Ein mutiger Sprung über die Wassermatte stärkt das Selbstvertrauen des jungen Pferdes.

Tummeln im Gelände macht Spaß und ist wichtig für die mentale Entspannung.

NEUNTER MONAT (MAI)

Leitgedanke Erste Turnierstarts.
Wir bereiten uns auf die ersten Turnierstarts vor in Reitpferde-, Dressur- oder Springpferdeprüfungen der Klasse A. Das Training richtet sich nach der Ausschreibung. Wir nehmen ein bis zwei Turnierstarts wahr.

AB DEM ZEHNTEN MONAT (JUNI BIS SEPTEMBER)

Leitgedanke Vertiefung der Ausbildung und Sammeln von Turniererfahrung.
Möglichst noch nicht mehr als zwei Turniere mit je zwei bis drei Starts pro Monat. Übung der speziellen Aufgaben für das Turnier in der Klasse A. Verbesserung von aufgetretenen Schwierigkeiten. Ruhige Arbeit zwischen den Turnieren zur Stärkung des Selbstvertrauens. Keine neuen Anforderungen stellen. Nur auf Festigung des bisher Gelernten bedacht sein.
Besonders talentierte Pferde können von einem erfahrenen Reiter in den Lektionen der Dressur Klasse L auf Trense (Außengalopp, einfache Galoppwechsel, Rückwärtsrichten sowie Hinterhand- und Kurzkehrtwendungen) geschult werden.
Im Gelände sollte es im Training bei den Anforderungen der Klasse A bleiben, die ersten Turnierstarts sollten erst im Spätsommer erfolgen.

VIEL ERFOLG!

Ich bilde alle jungen Pferde vielseitig aus – d. h., sie werden in der Dressur, im Springen und auch im Gelände gefördert und systematisch in kleinen Schritten ausgebildet. Wir reiten regelmäßig gemeinsam in der Gruppe aus und stimmen die Trainingspläne individuell auf das jeweilige Pferd ab. Die allgemeinen Grundsätze, die für alle Pferde gelten, habe ich hierbei immer im Blick. So habe ich es bei meinem Vater erlebt, der sein Erfolgspferd „Ahlerich“ in den ersten Jahren auch gesprungen hat. Und auch ich habe z. B. zwischen den Dressurstarts mit meinem Grand-Prix-Pferd „Nector“ Sprünge im Gelände gemacht. Die Abwechslung in der Ausbildung ist der Schlüssel zum Erfolg.
Die Beziehung zwischen Reiter und Pferd muss geprägt sein durch gegenseitigen Respekt, besonders aber durch das vertrauensvolle Miteinander – dann wird man, wie mein Vater früher und ich heute, viel Freude in der Ausbildung junger Pferde erleben.
Ich hoffe, dass das vorliegende Buch Ihnen eine Hilfe bei der Ausbildung Ihres Pferdes ist und Sie im Trainingsalltag begleitet.
Mein besonderer Dank gilt meiner Lektorin Alexandra Haungs für ihre tatkräftige und unermüdliche Unterstützung bei der Aktualisierung der Bücher.

Reiten macht Freude!

SERVICE

— *zu guter Letzt*

EQUITANAs Firlefranz, Westfalen Wallach, geb. 2013

Felize, Hannoveraner Stute, geb. 2013

Donnalucata, Hannoveraner Stute, geb. 2014

EQUISTROs Siena just do it, Westfalen Stute, geb. 2012

Conquista, Holsteiner Stute, geb. 2013

ISSELHOOKs First Sight, Trakehner Hengst, geb. 2014

Asha P, Deutsche Sportpferd Stute, geb. 2011

Candanello, Hannoveraner Wallach, geb. 20110

Skyjacker, Trakehner Wallach, geb. 2014

Captain Veterano, Westfalen Wallach, geb. 2009

SAP Hale Bob OLD, Oldenburger Wallach, geb. 2004

Coco Maurice, Deutscher Reitpferde Wallach, geb. 2009

Nemo von Purnitzgrund, Pony Wallach, geb. 2002

ZUM WEITERLESEN

Baumert, Beth: **Dressurdynamik,** Zwei Pferdekörper in Harmonie; KOSMOS 2021
Wie schaffen wir es, dass sich zwei Körper in absoluter Harmonie bewegen? Dieses Buch liefert den Schlüssel zum besseren Reiten und erklärt Ihnen, wie Sie als Reiter Gleichgewicht entwickeln und Ihr Gefühl und Timing verfeinern. Lernen Sie so die Energie Ihres Pferdes zu leiten und zu formen.

Gösmeier, Dr. med. vet. Ina: **Die fünf Pferdetypen in der Traditionellen Chinesischen Medizin;** KOSMOS 2019
Aus der Sicht der TCM haben Krankheiten oder Verhaltensstörungen immer einen körperlichen und einen mentalen Aspekt Die Traditionelle Chinesische Medizin behandelt deshalb immer ganzheitlich. In diesem Ratgeber beschreibt die renommierte Tierärztin Dr. Ina Gösmeier die fünf Pferdetypen und ihre individuelle Behandlung. Extra: TCM-Kräuter-Rezepturen, Akupressur und viele Fallbeispiele.

Klimke, Ingrid / Klimke, Reiner: **Cavaletti – Dressur und Springen;** KOSMOS 2018
Ein wichtiger Grundstein für den Erfolg von Ingrid Klimke ist die Cavaletti-Arbeit. Dieser Ratgeber zeigt die Cavaletti-Arbeit an der Longe, liefert wertvolle neue Anregungen für die Dressurarbeit sowie zahlreiche aktualisierte Aufbauskizzen für die Springgymnastik. Neben der Gymnastizierung des Pferdes und der damit verbundenen Verbesserung der Gangarten bringt Cavaletti-Arbeit Spaß und Abwechslung in den Trainingsalltag.

Klimke, Ingrid: **Aufbauten und Abmessungen,** KOSMOS 2021
Für Ingrid Klimke ist das Reiten über Cavaletti fester Bestandteil des täglichen Trainings. Sehr wichtig sind hierbei die richtigen Abstände zwischen den Cavaletti, die korrekten Aufbauten und Abmessungen. Nur dann erzielt Cavaletti-Arbeit den gewünschten Trainingseffekt. Dieser Ratgeber bietet einen schnellen Zugriff auf alle wichtigen Aufbauten und Abmessungen.

Klimke, Ingrid: **Reite zu Deiner Freude,** Grundsätze meiner Pferdeausbildung; KOSMOS 2021
Bei Ingrid Klimke haben Pferd und Mensch Freude am Training. Kernpunkte ihrer pferdefreundlichen Trainingsphilosophie sind Cavaletti-Arbeit, Dressur, Springen und Reiten im Gelände. Am Beispiel ihrer eigenen Pferde gibt sie wertvolle Tipps zur Förderung des jeweiligen Pferdecharakters.

Röckener, Lisa: **Mein Leben mit den Pferden,** KOSMOS 2021
Lisa Röckener erzählt, wie ihr junges Pferd Valoo ihren Umgang mit Pferden von Grund auf veränderte und wie sie ihren Weg von der Vielseitigkeitsreiterin zur Showreiterin und Trainerin fand. Ein sehr persönliches Buch, gespickt mit praktischem Rat fürs Pferdetraining und Reiten.

Roida, Kathrin: **Gymnastizieren an der Hand;** KOSMOS 2021
Die Arbeit an der Hand fördert Konzentration, Körpergefühl, Selbstbewusstsein und Gesundheit der Pferde. Kathrin Roida zeigt, wie man Jungpferde, gesunde Reitpferde, Korrektur- und Rehabilitationspferde typ- und altersgerecht trainiert. Wichtige Lektionen werden von einer Osteopathin beurteilt, die biomechanische Zusammenhänge erklärt.

Savoie, Jane: **: Positiv denken – besser reiten;** KOSMOS 2020
Über Erfolg oder Misserfolg entscheidet nur zu 15% das Können und zu 85% die innere Einstellung. Doch zum Glück kann jeder lernen, positiv zu denken! Dieses Buch zeigt den Weg: Mithilfe von mentalem Training, Motivationstechniken, Visualisierungs- und Konzentrationsübungen werden das Selbstbewusstsein gestärkt und Gewinner-Strategien entwickelt. So können Pferd und Reiter über sich hinauswachsen – egal ob im Alltag oder in der Turnierprüfung.

Maynard, Tik: **Wanderjahre eines Horseman,** Auf der Suche nach der wahren Pferdeausbildung; KOSMOS 2020
Mit 26 Jahren steht der Kanadier Tik Maynard am Wendepunkt seines Lebens. Ein Unfall beendet seine Karriere als Moderner Fünfkämpfer und er beschließt, als Praktikant mehr über Reitkunst und Pferdeausbildung zu lernen. Er arbeitet in Europa und in den USA, lernt Olympiasieger und berühmte Pferdetrainer wie Johann Hinnemann, Ingrid Klimke, David und Karen O'Connor und Ian Millar kennen und geht durch alle Höhen und Tiefen.

Alle wichtigen Informationen zu Ingrid Klimke und ihren Pferden finden Sie auf ihrer Homepage **www.ingrid-klimke.de**

REGISTER

K

L

M

N

P

R

S

T

U

V

W

Z

BILDNACHWEIS

259 Farbfotos wurden von Horst Streitferdt / Kosmos für dieses Buch aufgenommen.

Weitere Farbfotos von: Werner Ernst (2): S. 5, 18; LL-Foto (1): S. 211; Fritz Ligges (1): S. 158; Phelps Photos (1): S. 7; Susanne Pri (1): S. 216; Profoto (2): S. 11; Julia Rau/Kosmos (7): S. 81 li., re., 121, 122, 126, 154, 155, Julia Rau (2): 210, 213; Inge Vogel (1): S. 163; Ingo Wächter (2): S. 212, 214; Fabienne Zwahlen (1): S. 215

Mit 29 Farbillustrationen von Cornelia Koller

Dieses Standardwerk erschien erstmals 1980.

IMPRESSUM

Umschlaggestaltung von Jorge Schmidt unter Verwendung von zwei Farbfotos von Horst Streitferdt / Kosmos.

Mit 280 Farbfotos und 29 Farbillustrationen

Alle Angaben und Methoden in diesem Buch sind sorgfältig recherchiert, erwogen und geprüft. Sie entbinden den Pferdefreund nicht von der Eigenverantwortung für sein Tier und sich selbst. Die Anwendung der beschriebenen Methoden liegt in eigener Verantwortung. Der Verlag und die Autorin übernehmen keine Haftung für Personen-, Sach- oder Vermögensschäden, die aus der Anwendung der vorgestellten Materialien und Methoden entstehen.

Gedruckt auf chlorfrei gebleichtem Papier

9., aktualisierte und überarbeitete Ausgabe

Pfizerstraße 5–7, 70184 Stuttgart
kosmos.de/servicecenter

ISBN 978-3-440-15924-8
Redaktion: Alexandra Haungs
Gestaltungskonzept: Peter Schmidt Group GmbH, Hamburg
Gestaltung und Satz: Atelier Krohmer, Dettingen/Erms
Produktion: Hanna Schindehütte, Claudia Frank
Druck und Bindung: Westermann Druck Zwickau GmbH, Zwickau
Printed in Germany / Imprimé en Allemagne

FSC www.fsc.org MIX Papier | Fördert gute Waldnutzung FSC® C110508